Unterrichtspraxis
BIOLOGIE

Strukturierung · Materialien · Informationen

Band 7: **Bau und Lebensweise von wirbellosen Tieren**

Autor:
Rüdiger Lutz Klein

Herausgeber:
Joachim Jaenicke · Harald Kähler

Aulis Verlag Deubner

Bibliografische Information Der Deutschen Bibliothek

Die Deutsche Bibliothek verzeichnet diese Publikation in der Deutschen Nationalbibliografie; detaillierte bibliografische Daten sind im Internet über *http://dnb.ddb.de* abrufbar.

Unterrichtspraxis Biologie · **Reihenübersicht:**

1 Zellen · Bakterien · Viren
2 Bau und Lebensweise von Samenpflanzen*
3 Bau und Lebensweise von blütenlosen Pflanzen
4 Stoffwechsel bei Pflanzen*
5 Bau und Lebensweise von Wirbeltieren
6 Bau und Lebensweise von Haustieren
7 Bau und Lebensweise von wirbellosen Tieren*
8 Stoffwechsel beim Menschen*
9 Sinnesorgane des Menschen*
10 Hormon- und Nervenphysiologie beim Menschen*
11 Menschliche Sexualität und Entwicklung*
12 Mensch und Gesundheit
13 Mensch und Umwelt
14 Grundlagen der Vererbungslehre
15 Grundlagen der Abstammungslehre
16 Grundlagen der Verhaltenslehre*
17 Wechselbeziehungen im Lebensraum Wald*
18 Wechselbeziehungen im Lebensraum See*
19 Wechselbeziehungen im Lebensraum Moor*
20 Wechselbeziehungen im Lebensraum Boden*

* Bereits erschienen

Abkürzungen:

UE = Unterrichtseinheit
AMA = Arbeitsmittel für Arbeitsprojektion
L = Lehrer / Lehrerin
SuS = Schüler und Schülerinnen

Best.-Nr. 8377

Umschlaggestaltung: Atelier Warminski, Büdingen
Satz: Textverarbeitung Garbe, Köln
Zeichnungen: B. Karnath, Wiesbaden
Printed in the European Community
ISBN 3-7614-2562-7

Titelfotos (Dr. *Jaenicke*)
oben links: Schülerin mikroskopiert
oben Mitte: Moosblattzellen
oben rechts: Arbeitsprojektion eines Zellmodells
Mitte links: Stute mit Fohlen
Mitte: Blätter der Rotbuche im Gegenlicht
Mitte rechts: Feld mit Klatschmohn
unten links: Dukatenfalter auf Gänseblümchen
unten Mitte: Gartenteich
unten rechts: Gewässeruntersuchung

Inhalt

Vorwort

Mit der Buchreihe **Unterrichtspraxis Biologie** sollen den Lehrerinnen und Lehrern Unterrichtshilfen für den Biologieunterricht in den Klassen 5 – 10 aller Schulformen gegeben werden. Diese Unterrichtshilfen verstehen sich als Anregung für die Planung und Durchführung eines zeitgemäßen Biologieunterrichts.

Jeder Band dieser Buchreihe impliziert mehrere Unterrichtseinheiten zu dem jeweiligen Themenbereich. Der vorliegende Band „Bau und Lebensweise von wirbellosen Tieren" orientiert sich an der Vielfalt der Wirbellosen, an den Interessen der Schülerinnen und Schüler und an der Notwendigkeit, die Vielfalt durch Ordnen erfahrbar zu machen. Er enthält vier Unterrichtseinheiten: 1. „Wirbellose in unserer Umgebung", 2. „Wirbellose erobern neue Lebensräume", 3. „Wirbellose als Helfer und Konkurrrenten des Menschen" und 4. „Ordnung in der Vielfalt" In erster Linie definieren sich also die thematischen Schwerpunkte der Unterrichtseinheiten über die ökologische Funktion der Wirbellosen sowie in ihrer Beziehung zum Menschen.

Jeder Unterrichtseinheit werden Lernvoraussetzungen, ein Sequenzvorschlag inhaltlicher Schwerpunkte mit möglicher Zeitplanung sowie sachinformative Hinweise vorangestellt. Die Sachinformationen implizieren sachanalytische Aspekte, die aus Gründen der Übersicht im Glossarstil dargestellt werden. Sie können und wollen jedoch kein Schülerbuch ersetzen.

Eine didaktische und methodische Akzentsetzung mit unterrichtlichen Hinweisen erfolgt in den **Informationen zur Unterrichtspraxis**. Sie bilden mit den dazugehörigen **MATERIALIEN** den Schwerpunkt einer jeden Unterrichtseinheit. Dabei werden Lernschritte i. S. der Differenzierung alternativ angeboten. Die Strukturierung von Lernprozessen in Lernschritte erfolgt nach einem problemorientierten Ansatz i. S. naturwissenschaftlicher Erkenntnisgewinnung bei einem induktiv erarbeitenden Unterrichtsverfahren: *Beobachtung eines biologischen Phänomens → Problem → Bildung von Vermutungen* (Hypothesen) *→ Falsifikation bzw. Verifikation der Vermutungen → Ergebnis → Vertiefung* und *Ausweitung → Erkenntnis*. Von den resultierenden unterrichtlichen Phasen (*Einstieg mit Problemsituation → Lösungsplanung → Erarbeitung → Ergebnis → Festigung*) sind nur **Einstiegs- und Erarbeitungsmöglichkeiten** angegeben. Durch diesen Verzicht auf Stundenbilder bleibt der Freiraum für die Kolleginnen und Kollegen erhalten. Die Lernschrittsequenz ist nur als Vorschlag i.S. einer Anregung zu verstehen. Sie soll in übersichtlicher Form die Vorbereitung und Durchführung von Unterricht erleichtern. Daher wurde auch aus zeitökonomischen Gründen auf didaktische und methodische Begründungen sowie auf Lernzielformulierungen verzichtet, zumal diese Kriterien Gegenstand von Lehrplänen und Richtlinien sind.

Die Gliederung erfolgt übersichtlich in zwei Spalten: Die erste Spalte impliziert die Lernschritte, die zweite die zugehörigen Unterrichtsmittel. In der zweiten Spalte werden alle notwendigen Medien aufgeführt unter Integration der zugehörigen **MATERIALIEN** als Kopiervorlagen sowie der Medientasche. Die MATERIALIEN können als „Materialgebunde AUFGABEN", „EXPERIMENTE", „MODELLE", oder als „**A**rbeits**m**ittel für die **A**rbeitsprojektion" (AMA) konzipiert sein. Alle MATERIALIEN können jedoch unterrichtlich wie materialgebundene AUFGABEN verwendet werden. Die in der Kopfleiste angegebene Materialien-Form stellt die primär konzipierte dar, kann jedoch nach individuellem Ermessen auch verändert eingesetzt werden. Die materialgebunden AUFGABEN stellen nicht nur eine Arbeitsunterlage im Unterricht dar, sondern können als Hausaufgabe, in Arbeitstests oder als Bestandteil von Klassenarbeiten verwendet werden. Durch Kombination von mehreren materialgebundenen Aufgaben lässt sich z. B. eine Klassenarbeit erstellen.

Die in der Medienspalte aufgeführten Filme und Diareihen werden in der Rubrik **Medieninformationen** in der Regel durch Annotationen, Kurzfassungen und unterrichtliche Anmerkungen detaillierter dargestellt. Dies gilt ebenso für empfohlene, vertiefende, leicht zugängliche Fachliteratur wie Zeitschriftenartikel und Bücher.

Autor und Herausgeber sind sich dessen bewusst, dass Unterricht in freier Natur von hoher didaktischer und emotionaler Bedeutung ist, zugleich aber eine Beeinträchtigung bzw. Störung eben des Lebensraumes nicht auszuschließen ist, dessen Schutz und Erhaltung hochrangiges Ziel von Unterricht ist. So muss der Fachlehrer bzw. die Fachlehrerin mit Fingerspitzengefühl und hohem Verantwortungsbewusstsein von Unterrichtssituation zu Unterrichtssituation entscheiden, wie viel an Belastung dem aufgesuchten Biotop zugemutet werden kann. Auf jeden Fall müssen die diesbezüglichen Rechtsvorschriften beachtet und berücksichtigt werden.
Herausgeber und Autoren möchten mit dieser Buchreihe den Kolleginnen und Kollegen schüler- und praxisorientierte Hilfestellungen leisten bei der Planung und Durchführung eines zeitgemäßen Biologieunterrichtes.

Noch eine Bitte: Kein Autor, kein Herausgeber und kein Verlag sind gegen Fehler unterschiedlicher Art sowie gegen subjektive Betrachtung und Unzulänglichkeit gefeit. Daher bitten wir alle Benutzer von Unterrichtspraxis Biologie herzlich um Kritik; entsprechende Hinweise werden wir dankbar aufnehmen.

Die Herausgeber

Dr. Joachim Jaenicke *Dr. Harald Kähler*

Der Verlag möchte an dieser Stelle für die freundliche Genehmigung zum Nachdruck von Copyright-Material danken. Trotz wiederholter Bemühungen ist es nicht in allen Fällen gelungen, Kontakte mit Copyright-Inhabern herzustellen. Für diesbezügliche Hinweise wäre der Verlag dankbar.

I. Unterrichtseinheit

M 1, Abb. D und M 3 (Silberfisch): M. Chinery, Insekten Mitteleuropas, 3. Aufl. Paul Parey Verlag, Berlin 1984.

M 6, Abb. 1a: M. Chinery, Insekten Mitteleuropas, 3. Aufl. Paul Parey Verlag, Berlin 1984.
Abb. 1b: Jacobs/Renner, Biologie und Ökologie der Insekten, 2. Auflage. Urban & Fischer, München 1988.
Abb. 3: Aus Unterricht Biologie 187, S. 20. © Friedrich Verlag, Seelze.

M 7, Abb. 3–5: aus Unterricht Biologie 174, S. 25. © Friedrich Verlag, Seelze.

M 9, Foto Hausstaubmilbe, © Picture Alliance, Frankfurt.

M 11, Abb. 2, 5, 6: aus Unterrichtspraxis Biologie Heft 28. © Friedrich Verlag, Seelze.

M 12: Aus Ökologie und Landbau Heft 1, 1997, Bad Dürkheim.

M 13, Abb. 1: aus Unterricht Biologie 174, Beihefter, S. 2. © Friedrich Verlag, Seelze.
Abb. 2: © Bildungshaus Schulbuchverlage Westermann Schroedel Diesterweg Schöningh Winklers GmbH, Braunschweig

M 18, Abb. A: © Bildungshaus Schulbuchverlage Westermann Schroedel Diesterweg Schöningh Winklers GmbH, Braunschweig
Abb. B: Kaestner, Lehrbuch der Speziellen Zoologie, Band 1, Teil 1, 4. Auflage. Urban und Fischer, München 1969.

M 19, Abb. A: © Bildungshaus Schulbuchverlage Westermann Schroedel Diesterweg Schöningh Winklers GmbH, Braunschweig.
Abb. B: H. Weber, Grundriß der Insektenkunde, 4. Auflage. Urban & Fischer, München 1966.

M 20, Nr. 6: M Chinery, Pareys Buch der Insekten. Paul Parey Verlag, Berlin 1984.

II. Unterrichtseinheit

M 1: Entnommen aus: Engelhardt, Was lebt in Tümpel, Bach und Weiher? Mit freundlicher Genehmigung des Kosmos Verlags, Stuttgart © 1977.

M 4: Entnommen aus: Engelhardt, Was lebt in Tümpel, Bach und Weiher? Mit freundlicher Genehmigung des Kosmos Verlags, Stuttgart © 1977.

M 5, rechte Abb.: Entnommen aus: Engelhardt, Was lebt in Tümpel, Bach und Weiher? Mit freundlicher Genehmigung des Kosmos Verlags, Stuttgart © 1977.

M 8, Abb. 1: Kaestner, Lehrbuch der Speziellen Zoologie, Band 1, Teil 1, 4. Auflage. Urban und Fischer, München 1969.

M 9, Abb. A: Entnommen aus: Engelhardt, Was lebt in Tümpel, Bach und Weiher? Mit freundlicher Genehmigung des Kosmos Verlags, Stuttgart © 1977.

III. Unterrichtseinheit

M 3: U. Sommermann, Arbeitsblätter Insekten. © Klett Verlag, Stuttgart 1989.

M 2: U. Sommermann, Arbeitsblätter Insekten. © Klett Verlag, Stuttgart 1989.

M 7: Jacobs/Renner, Biologie und Ökologie der Insekten, 2. Auflage. Urban & Fischer, München 1988.

M 9: Aus Unterrichtspraxis Biologie Heft 28. © Friedrich Verlag, Seelze.

M 14, Abb. d, g, h: U. Sommermann, Arbeitsblätter Insekten. © Klett Verlag, Stuttgart 1989.
Abb. e: Jacobs/Renner, Biologie und Ökologie der Insekten, 2. Auflage. Urban & Fischer, München 1988.
Abb. a, i: Jacobs/Renner, Biologie und Ökologie der Insekten, 2. Auflage. Urban & Fischer, München 1988.

M 15: Eidmann/Kühlhorn, Lehrbuch der Entomologie. Paul Parey Verlag, Berlin 1970.

IV. Unterrichtseinheit

M 2, Abb. 1, 3, 10, 15, 16: Entnommen aus: Engelhardt, Was lebt in Tümpel, Bach und Weiher? Mit freundlicher Genehmigung des Kosmos Verlags, Stuttgart © 1977.
Abb. 9: U. Sommermann, Arbeitsblätter Insekten. © Klett Verlag, Stuttgart 1989.
Abb. 2, 4–7, 12–14: Jacobs/Renner, Biologie und Ökologie der Insekten, 2. Auflage. Urban & Fischer, München 1988.

M 3, Abb. 2: M Chinery, Pareys Buch der Insekten, 1984.

M 3, Abb. 5: Entnommen aus: Engelhardt, Was lebt in Tümpel, Bach und Weiher? Mit freundlicher Genehmigung des Kosmos Verlags, Stuttgart © 1977.

M 5, Abb. 2, 3, 4, 5, 7, 8, 13 (Lösung): H. Weber, Grundriß der Insektenkunde, 4. Auflage. Urban & Fischer, München 1966.
Abb. 9, 10: Kaestner, Lehrbuch der Speziellen Zoologie, Band 1, Teil 1, 4. Auflage. Urban & Fischer, München 1969.

Folie 1

Abb. 1, 3–6: © H. Bellmann, Lonsee
Abb. 2: © W. Rieckmann, Hannover

Folie 2

Abb. 1–6: © H. Bellmann, Lonsee

Folie 3

Abb. 1: © Robert Maier/OKAPIA KG, Germany
Abb. 2–7: © H. Bellmann, Lonsee

I. Unterrichtseinheit (UE): Wirbellose in unserer Umgebung

Lernvoraussetzungen:

Wirbeltierklassen und ihre Baupläne; Fortpflanzung und Entwicklung bei Wirbeltieren; Bedeutung von Lebensraum und Lebensgemeinschaft für Lebewesen

Gliederung:

Die Pfeile geben die hier vorgeschlagene Unterrichtssequenz inhaltlicher Schwerpunkte dieser Unterrichtseinheit an. Es sind aber auch andere Sequenzen denkbar.

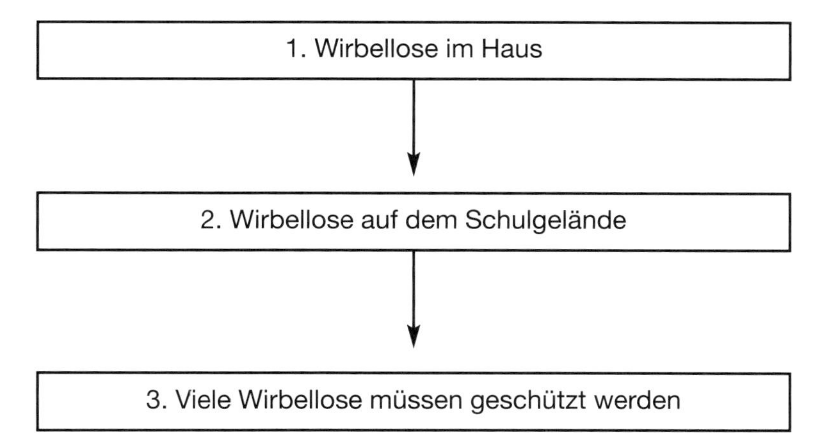

Zeitplan:

Für diese Unterrichtseinheit werden ca. 26 Stunden benötigt. Innerhalb der drei inhaltlichen Schwerpunkte lassen sich jedoch auch Kürzungen vornehmen, sodass die Unterrichtseinheit in 12 bis 16 Stunden unterrichtet werden kann.

1.1 Sachinformationen:

Anneliden:
Ringelwürmer, die sich durch einen segmentierten Körper ohne gegliederte Extremitäten, aber z.T. dem Vorhandensein von Borsten zur Fortbewegung auszeichnen. Zu ihnen gehören die Vielborster (Polychaeten) wie der Pierwurm, die Wenigborster (Oligochaeten) wie der Regenwurm sowie die Egel.

Arthropoden
Gliederfüßer (Krebse, Spinnen, Insekten, Hundert- und Tausendfüßer).

Biotop:
Lebensraum einer Lebensgemeinschaft, der durch die jeweils herrschenden abiotischen und biotischen Faktoren beschrieben wird.

Biozönose:
Lebensgemeinschaft aller in einem Biotop vorhandenen Organismen.

Chitin:
Ein Polysaccharid (Polyacetylglucosamin), das ähnlich wie Cellulose aufgebaut ist. Es unterscheidet sich in seinen Bausteinen von der Glucose als Baustein der Cellulose dadurch, dass die Hydroxylgruppe am C_3-Molekül durch eine $NHCOCH_3$-Gruppe ersetzt ist. Chitin ist bei Pilzen und Arthropoden verbreitet.

Cuticula:
Dreischichtige Abschlussschicht auf der Epidermis, dem Bildungsgewebe der chitinösen Cuticula. Sie kann in grundsätzlich zwei Formen auftreten: als feste, hart-elastische Panzerplatte (Sklerit) wie auch als biegsam-zähe, nicht zu dünne Haut. Die Cuticula besteht (von der Epidermis ausgehend) aus der Endocuticula, der mächtigsten Schicht, der Exocuticula und der chitinfreien Epicuticula. Die Epicuticula enthält Wachs und bestimmte Lipoproteine und ist wasserabstoßend. Exo- und Endocuticula bestehen überwiegend aus einem festen und biegsamen Material, dem Chitin-Protein-Komplex.

Haare bei Arthropoden:
Chitinöse Gebilde der Exocuticula mit einer großen Formen- und Funktionsfülle.

Hautflügler:
Insektengruppe mit Arten in sehr unterschiedlicher Größe und zwei Flügelpaaren, von denen das vordere beträchtlich größer als das hintere ist. Die Flügel werden durch eine Häk-chenreihe an der Vorderkante der Hinterflügel miteinander verkoppelt. Hauptgruppen: Wespen, Ameisen, Wegwespen, Grabwespen, Bienen einschl. Hummeln.

Hemimetabolie:
Entwicklungsform bei bestimmten Insekten (Hemimetabola), deren Larven sich nur in wenigen Merkmalen von den erwachsenen Tieren unterscheiden und kein gesondertes Puppenstadium haben.

Holometabolie:
Vollständige Verwandlung bei Insekten über die Entwicklungsstufen Ei, Larve (mit versch. Häutungsphasen), Puppe, Imago.

Metamorphose:
Entwicklung von Tieren, bei denen das Jugendstadium in Gestalt und Lebensweise vom Zustand der zuletzt erreichten Form und Lebensweise (i.d.R. geschlechtsreifes Tier) abweicht. Man unterscheidet bei Insekten eine vollständige und unvollständige Verwandlung (Holo- und Hemimetabolie).

Milben:
Umfangreiche Ordnung der Spinnentiere, deren Arten eine große Varianz in ihrer Ernährungsweise zeigen. Neben der räuberischen Lebensweise gibt es Pflanzen- und Abfallfresser und sehr viele parasitisch lebende Arten. Milben haben wegen ihrer vielen parasitären Formen eine herausragende Bedeutung bei der Übertragung oder Erzeugung von Krankheiten sowie als Schädlinge bei Nutztieren und -pflanzen.

Nützling:
Fressfeind von Schädlingen an Nutzpflanzen.

Parasit:
Lebewesen, das sich von einem anderen Lebewesen ernährt und es dabei schädigt, ohne es (i.d.R.) dabei zu töten. Diese Form der Beziehung zwischen zwei Arten ist außerordentlich variabel und lässt sich weder zu einer reinen Räuber-Beute-Beziehung noch zu einer Symbiose abgrenzen. Je nachdem, wo sich der Parasit an seinem Wirt aufhält, spricht man von Endo- und Ektoparasiten. Dabei hängt es von der Betrachtungsebene ab, ob man bei reinen Darmparasiten von Endo- oder Ektoparasiten spricht, da das Darmlumen biologisch eine eingeschlossene Umwelt darstellt und nicht den eigentlichen Körperraum.

Schädling:
Alle (eukaryotischen) Lebewesen, die als Konkurrent des Menschen Nutzpflanzen und Nutztiere befallen.

Trachee:
Einstülpungen der Epidermis, die ebenfalls wie die übrige Oberfläche der Insekten und Krebse chitinöse Befestigungen ausbilden und sich sehr stark bis an die inneren Organe hin verzweigen. Besonderes Merkmal der größeren Tracheen sind die schraubenförmigen, stabilen Chitinfäden („Spiralfaden"). Den Abschluss der Tracheen zur äußeren Umwelt bilden die verschließbaren Stigmen (Atemöffnungen).

Wirt:
Lebewesen, das einen Parasiten beherbergt.

Zweiflügler (Dipteren):
Winzige bis große Insekten mit stechend-saugenden oder leckend-saugenden Mundwerkzeugen. Ihre Hinterflügel sind zu Schwingkölbchen ausgebildet, die der Flugstabilisierung dienen.

I.2 Informationen zur Unterrichtspraxis

I.2.1 Einstiegsmöglichkeiten

Einstiegsmöglichkeiten	Medien
A.	
■ L zeigt in 4 Petrischalen möglichst lebend Wirbellose aus Haus / Garten / Schulgelände und informiert über Herkunft der Tiere. L fordert zur Benennung der Tiere auf.	■ Arbeitsprojektor, Petrischalen, Spinnen, Fliegen, Asseln, Silberfisch, Regenwurm etc. *(Es können verschiedene Wirbellose je nach Verfügbarkeit verwendet werden. Bei lebenden Tieren ist die hohe Attraktivität durch die projizierte Bewegung zu berücksichtigen).*
■ Unterrichtsgespräch: SuS benennen die Tiere mithilfe des Lehrers.	■ Tafel: Tiere aus dem Haus und seiner Umgebung
■ L teilt Petrischalen mit Tieren aus. 2 – 3 SuS pro Petrischale bearbeiten I./M 2.	■ Material I./M 2 (Materialgebundene Aufgabe): Tiere im und am Haus
▶ **Problemfrage:** Wieso leben in einem Haus für Menschen so viele verschiedene Tiere?	■ Tafel
■ HA: SuS bringen solche „Haustiere“ selbst mit.	

I.2.2 Erarbeitungsmöglichkeiten

Erarbeitungsschritte	Medien
Die SuS stellen ihre mitgebrachten Tiere vor und informieren sich gegenseitig über den Fundort.	
A. 1 Wirbellose im Haus	
■ L-Impuls: Wie lassen sich die Lebensräume der verschiedenen Tiere beschreiben?	■ Tafel
■ L-Impuls: Damit wir die Lebensräume genau beschreiben und miteinander vergleichen können, müssen wir messen. L fordert auf, bestimmte Räume der Schule (Keller, Dachboden, Biologie-Sammlung, Küche, hinter Schränken, an Fenstern etc.) genau zu untersuchen (Beschreibung, Messung von Temperatur, Licht, Feuchtigkeit, Staub).	■ Material I./M 1 (Experiment): Lebensräume im Haus Thermometer, Photometer, Hygrometer, Lupe *Vorher den Hausmeister um Mitarbeit bitten!*
■ HA: Material I./M 2	■ Material I/M 2 (Materialgebundene Aufgabe): Tiere im und am Haus.
■ L fordert SuS in drei Gruppen auf, mit Hilfe der Materialien drei Kurzreferate über Silberfisch, Schnake und Assel zu halten. L hält dazu lebende oder präparierte Tiere bereit.	■ Lebende oder präparierte Silberfische, Schnaken, Asseln; Material I./M 3 Materialgebundene Aufgabe): Das Silberfischchen; Material I./M 4 Materialgebundene Aufgabe): Die Schnake, Material I./M 5 Materialgebundene Aufgabe): Asseln, Krebse an Land Arbeitstransparente 1, 2, 3
■ SuS referieren.	

Erarbeitungsschritte	Medien
■ L zeigt Ausschnitt aus einem Film über Spinnen. **Hinweis:** *Für die Vermittlung von Inhalten über Spinnen scheint zunächst ein Film das geeignetere Medium, nicht das lebende oder präparierte Objekt. Allerdings wird der L schon im Einführungsteil in seiner Lerngruppe beobachtet haben, ob er ohne zu starke Angst- und Ekeläußerungen der SuS das Thema „Spinnen" bearbeiten kann.*	■ z.B. Klett 994 701: Aus dem Leben der Spinnen: Netzbau
■ Unterrichtsgespräch: Worin liegt die Notwendigkeit des Netzbaus? **Hinweis:** *Die Tatsache, dass sich selten Schmetterlinge in den Spinnennetzen verfangen, kann mit ihrer Körperbedeckung aus Schuppen, die sich leicht vom Körper lösen, erklärt werden (vgl. I./M 24)*	■ Tafel
■ SuS zeichnen das Alkoholpräparat einer Spinne.	■ Lupe, Präparierbesteck, Petrischale mit Wasser, Spinnen-Präparate (vgl. dazu auch Material II./M 2: Spinnen an Land)
■ HA: L gibt als HA Materialien zur Vorbereitung von Kurzreferaten über Blattläuse und Milben (Körperbau, Verhalten und Lebensraum) aus.	■ Material I./M 8 (Materialgebundene Aufgabe): Beobachtung von Blattläusen; Material I./M 9 (Materialgebundene Aufgabe): Milben im Haus
■ L demonstriert von Holzwürmern befallenes Holz (Bauholz, Balken, Möbel o.ä.).	■ befallenes Holz
■ Unterrichtsgespräch über mögliche Schäden durch Holzwurmbefall an Gebäuden und Möbeln	■ Tafel **Hinweis:** *Solches Holz kann leicht auf einer Bauschuttdeponie oder in einem Freilichtmuseum oder auf dem Flohmarkt / beim Antiquitätenhändler beschafft werden.* *Ggf. lässt sich für diesen Unterrichtsabschnitt ein Vertreter eines Freilichtmuseums oder einer Holzwurmbekämpfungsfirma einladen.*
■ Unterrichtsgespräch: Klärung der Frage, warum man üblicherweise nur die Spuren des „Holzwurms" sieht und nicht das Tier selbst	■ Tafel
■ L zeigt Bilder / Filmausschnitt zum Lebenslauf eines „Holzwurms."	■ z.B. FWU-Film 32 1196: Schädlinge des Bauholzes (Ausschnitt) FWU-Diareihe 10 2367 Schädlingsbekämpfung
■ GA: Lebensbedingungen der Larven verschiedener Holzkäferarten	■ Material I./M 6 (Materialgebundene Aufgabe): Die Larve des Pochkäfers
■ L präsentiert Wespennest.	■ Wespennest
■ Unterrichtsgespräch: Sind Wespen schädlich?	■ Tafel: Schaden und Nutzen durch Wespen
■ L-Impuls: Sind alle Wespen schädlich? SuS bearbeiten I./M 8.	■ Material I./M 7 und I./M 9 (Materialgebundene Aufgabe): Sind Wespen schädlich?
■ SuS berichten in Kurzreferaten über Blattläuse und Milben (Körperbau, Verhalten und Lebensraum). L hält ggf. Bildmaterial bereit.	■ Material I./M 8 Arbeitstransparent 1 FWU Diareihe 10 1476: Blattläuse FWU-Diareihe 10 2367, 10 2369: Schädlingsbekämpfung: Schädlinge und Nützlinge

Erarbeitungsschritte	Medien
■ SuS untersuchen Milben unter dem Mikroskop bzw. Binokular und zeichnen Milben in situ oder präpariert. **Hinweis:** *Das erste Jugendstadium der Milbenlarven sieht den Imagines recht ähnlich, ihnen fehlt aber das vierte Beinpaar. Erwachsene Milben besitzen als Spinnentiere vier Beinpaare. Unter dem Mikroskop sind häufig auch bei erwachsenen Tieren nur drei Beinpaare deutlich zu erkennen, weil vom Laien nur schwer zwischen Fühlern, Mundwerkzeugen und vorderen Beinpaaren unterschieden werden kann.*	■ Milben z.B. auf Mistkäfern, Mikroskop, Binokular
A. 2 Wirbellose auf dem Schulgelände	
Nachdem einige Vertreter von Wirbellosen (nicht nach dem natürlichen System, sondern ihrem Lebensraum geordnet) aus dem Haus vorgestellt wurden, lässt sich die Formenkenntnis über diese Tiergruppen im Schulgelände vertiefen. Zusätzlich körnen dort weitere ökologische Erkenntnisse gesammelt werden.	
■ L verteilt Steinläufer sowie Regenwürmer in verschlossener Petrischale und informiert über den Fundort.	■ 5 bis 8 Steinläufer und Regenwürmer jeweils in einer Petrischale **Hinweis:** *Wenn nicht genügend Steinläufer beschafft werden können, genügt ein Exemplar, das mit dem Arbeitsprojektor gezeigt werden kann.*
■ SuS beschreiben Körperbau des Steinläufers.	■ Tafel: Vergleich von Steinläufer und Regenwurm
■ HA: Vergleich von Steinläufer und Regenwurm Ergänzung der Daten durch Film!	■ FWU-Film (S 8) 36 0282: Steinläufer und Erdläufer FWU- Film 32 2431: Der Regenwurm FWU-Film 32 2146: Leben im Boden Arbeitstransparent 3
■ L zeigt Dia eines Laufkäfers.	■ FWU-Diareihe 10 0525, Bild Material I./M 11 (Materialgebundene Aufgabe): Laufkäfer: Gefräßige Räuber Arbeitstransparent 1
■ SuS beschreiben Körperbau und bearbeiten Material I./M 11. Ergänzung durch Film	■ FWU-Film (S 8) 36 0745, 2. Teil: Mundwerkzeuge des Sandlaufkäfers
■ GA: Einsammeln von Apfelbaumbewohnern. Bestimmung und Beobachtung vor Ort oder gemeinsame Beobachtung mit dem Arbeitsprojektor im Unterrichtsraum	■ Bestimmungsbuch, Petrischalen, Arbeitsprojektor **Methode:** *Zweige des Baums werden geschüttelt oder geklopft; Die herabfallenden Tiere werden durch ein aufgespanntes weißes Bettlaken aufgefangen und in Petrischalen gesammelt. Bestimmung vor Ort oder im Klassenraum. Nach dem Unterricht sind die Tiere wieder freizulassen.*
■ HA oder GA: Bearbeitung von I./M 12	■ Material I./M 11 (Materialgebundene Aufgabe): Lebensraum Apfelbaum
■ L-Impuls: Schädlinge an Obstbäumen lassen sich biologisch bekämpfen.	■ Tafel
■ Unterrichtsgespräch über biologische Bekämpfungsmethoden. SuS bearbeiten mit Material I./M 13 ein Beispiel.	■ Material I./M 12 (Materialgebundene Aufgabe): Spinnen als Blattlausräuber

Erarbeitungsschritte	Medien
■ L projiziert Dia: Bestäubung der Salbeiblüte. SuS beschreiben die Abbildung.	■ FWU-Diareihe 10 0978: Bestäubung einer Salbeiblüte Blütenmodell Salbeiblüte (Phywe) FWU-Diareihe 10 2059: Blütenbestäubung durch Insekten FWU-Diareihe 10 0565: Wespen und Hummeln
■ Unterrichtsgespräch: Was ist der biologische Sinn dieses Verhaltens?	■ Tafel
■ SUS bearbeiten Material I./M 13 und I./M 14.	■ Material I./M 13 (Materialgebundene Aufgabe) Die Rüssellängen verschiedener Hautflügler Material I./M 14 (Materialgebundene Aufgabe): Hummeln und Pflanzen Ergänzung: Vgl. dazu auch Unterricht Biologie 173: Spiel zur Koevolution zwischen Blüte und Bestäuber **Hinweis:** *Hummeln stehen unter strengem Schutz. Sie dürfen nicht gefangen, nur beobachtet werden.*
■ Zum Abschluss dieses Unterrichtsabschnittes können Rätsel gelöst oder andere Zusammenfassungen erarbeitet werden.	■ Material I./M 15 (Materialgebundene Aufgabe): Wirbellose Tiere in Haus und Garten – ein Rätselspiel Material I./M 16 (Materialgebundene Aufgabe): Kreuzworträtsel Gliedertiere und ihre Umgebung
■ L verteilt Gehäuseschnecken.	■ Weinberg- oder Schnirkelschnecken
■ Unterrichtsgespräch: Körperbau, Bewegung und Sinne der Schnecken	■ Material I./M 17 (Materialgebundene Aufgabe): Beobachtung von Schnecken
■ L gibt (hungrige) Schnecken und Salatblätter aus.	■ hungrige Schnecken, Salatblätter o.a. Futter
■ SuS beobachten und protokollieren mit der Beobachtungsarena das Fressverhalten der Schnecken.	■ Beobachtungsarenen, Material I./M 17 (Materialgebundene Aufgabe): Beobachtung von Schnecken Ergänzung durch: FWU-Film 36 0390: Die Weinbergschnecke FWU-Diareihe 10 0552: Schnecken
■ HA: SuS bringen Regenwürmer mit.	
■ SuS beobachten Regenwürmer auf der Beobachtungsarena a) auf glatter Fläche, b) auf feuchtem Filtrierpapier.	■ Beobachtungsarena, Filtrierpapier, Petrischale mit Wasser und Pipette
■ SuS skizzieren die Bewegung des Regenwurms.	■ ggf. Ausschnitt aus FWU-Film 32 2431: Der Regenwurm
■ Unterrichtsgespräch: Auswertung der Beobachtungen	
■ SuS erklären die Funktion des Hautmuskelschlauchs am Modell.	■ Material I./M 18 (Materialgebundene Aufgabe): Bewegung ohne festen Halt

Erarbeitungsschritte	Medien
A. 3 Schutz von Wirbellosen	
■ L stellt Bild / Dia des Tagpfauenauges oder des Kohlweißlings vor.	■ FWU-Diareihe 10 2059: Blütenbestäubung durch Insekten FWU-Diareihe 10 0554: Entwicklung des Tagpfauenauges FWU-Diareihe 10 0509: Der große Kohlweißling
■ Unterrichtsgespräch: Körpergliederung, Gestalt und Färbung	■ Tafel
■ Unterrichtsgespräch: Warum, (wozu, wieso) sind viele Schmetterlinge so bunt gefärbt? **Hinweis:** *Die SuS sollten den Unterschied in der Fragestellung „wozu" und „wieso" möglichst frühzeitig kennen, um zwischen ultimaten und proximaten Ursachen unterscheiden zu können im Hinblick auf evolutionstheoretische Betrachtungen.*	■ Material I./M 19 (Materialgebundene Aufgabe): Körperbau der Schmetterlinge Ergänzung durch Arbeitstransparent 1
■ L-Impuls: Wir könnten etwas für die Schmetterlinge tun.	
■ Unterrichtsgespräch: Anlage eines Schmetterlingsgartens **Hinweis:** *Aus diesem Unterrichtsgespräch könnte sich ein Projekt ergeben, welches in die Anlage eines Schmetterlinggartens in der Schule oder in Hausgärten der SuS mündet. Für dieses Projekt sollten rechtzeitig Gespräche mit dem Schulträger (Gartenbauamt und Betriebsamt) geführt werden, um Unterstützung zu bekommen. Auch muss vorher geklärt werden, wer langfristig die Pflege des Gartens übernimmt. Für finanzielle Unterstützung gibt es ebenfalls verschiedene Möglichkeiten (z.B. beim BUND oder anderen Naturschutzverbänden sowie beim zuständigen Umweltberater der Bezirksregierungen und Schulaufsichtsämter nachfragen).*	■ Material: I./M 20 (Materialgebundene Aufgabe): Anlage eines Schmetterlingsgartens
■ Unterrichtsgespräch: Wie können wir sinnvoll zusammen mit den wirbellosen Tieren leben?	■ Tafel: Nutzen und Schaden von Wirbellosen (Beispiele) Material I./M 21 (Materialgebundene Aufgabe): Nützliche Tiere in Haus und Garten (*vgl. dazu auch Material III./M 2*)

I./M 1	Tiere im Haus	Materialgebundene AUFGABE

Arbeitsmaterial:

Versuchsprotokoll

Thema: Untersuchung von Lebensräumen im Haus

Material und Geräte: Thermometer, Fotometer, Hygrometer, Lupe; Haus (z.B. Schulgebäude)

Durchführung:
Bestimme an verschiedenen Stellen (s. Zeichnung, z. B. die markierten Stellen •) folgende Faktoren: Temperatur der Luft und der Oberflächen, Lichtverhältnisse, Luftfeuchtigkeit, mineralische Bestandteile (Stein, Beton, Boden, Stahl / Eisen), natürliche Bestandteile (Holz, Staub, Nahrungsreste, Nahrungsvorräte, usw.)!

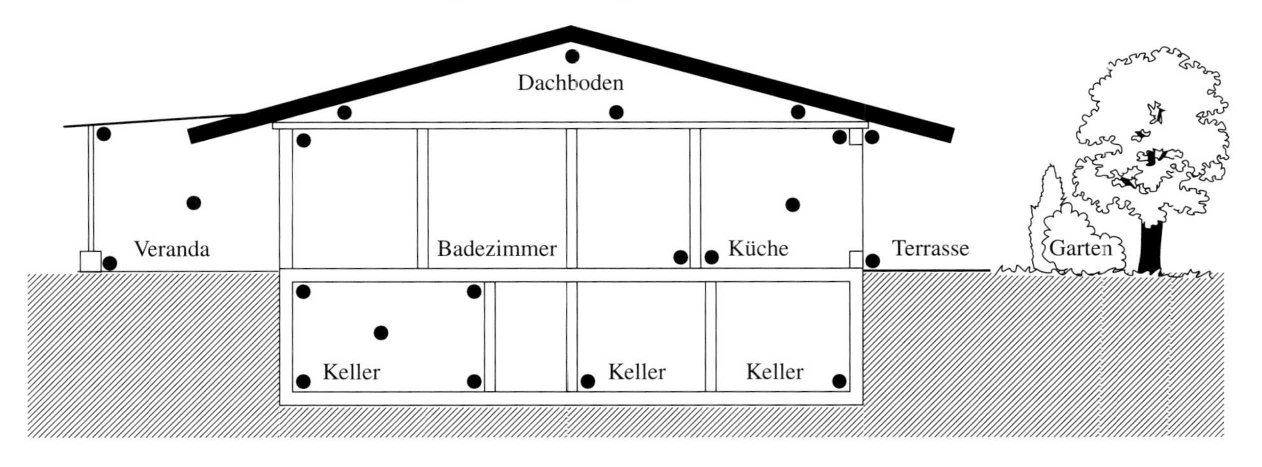

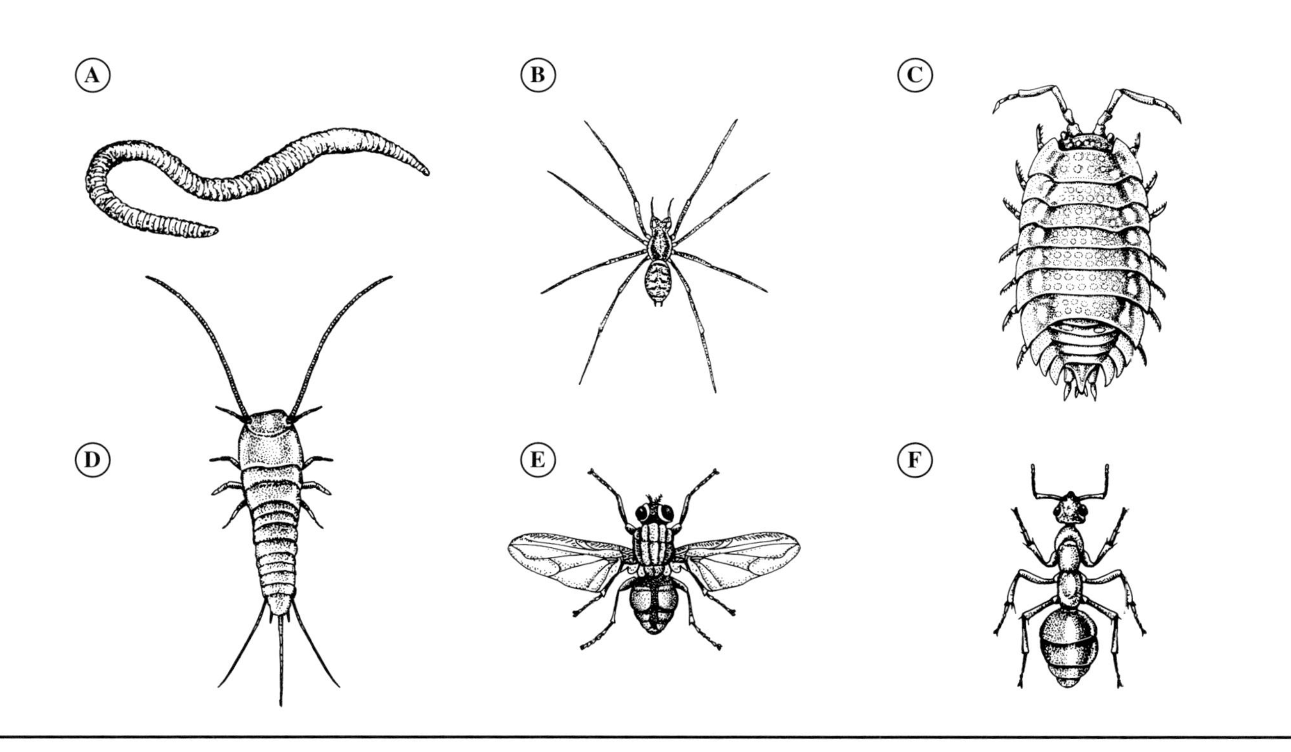

Aufgaben:

1. Fertige über die jeweiligen Messungen ein Protokoll an! Bestimme die möglicherweise dort vorkommenden Tiere!
2. Ordne den abgebildeten „Haustieren“ richtige Namen zu! Bestimme den Aufenthaltsort im und am Haus! Erläutere!

I./M 2	Tiere in und am Haus	Materialgebundene AUFGABE

Arbeitsmaterial:

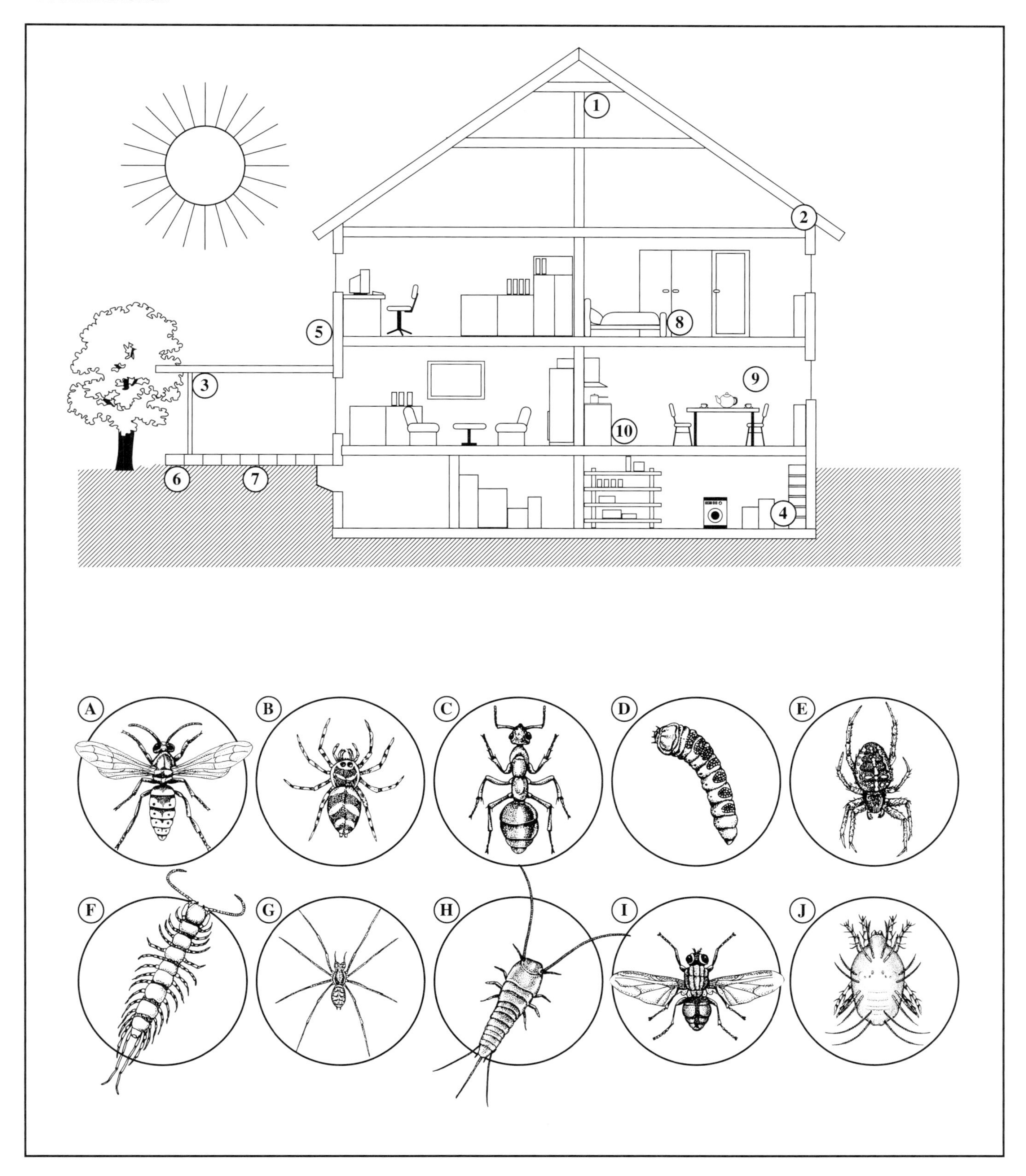

Aufgaben:

1. Ordne die Tiere den Lebensräumen zu!
2. Erläutere die besonderen Eigenschaften und Merkmale dieser Lebensräume!

I./M 3	Das Silberfischchen	Materialgebundene AUFGABE

Arbeitsmaterial:

Silberfischchen sind höchstens 20 mm lang und haben einen sich nach hinten verjüngenden, äußerlich rübenähnlichen, flachen Körper, der mit silbrig glänzenden Schuppen bedeckt ist. Mit den zwei langen, fadenförmigen Fühlern tasten sie sich durch die Dunkelheit. Am Körperende trägt das Silberfischchen drei gegliederte Anhänge.

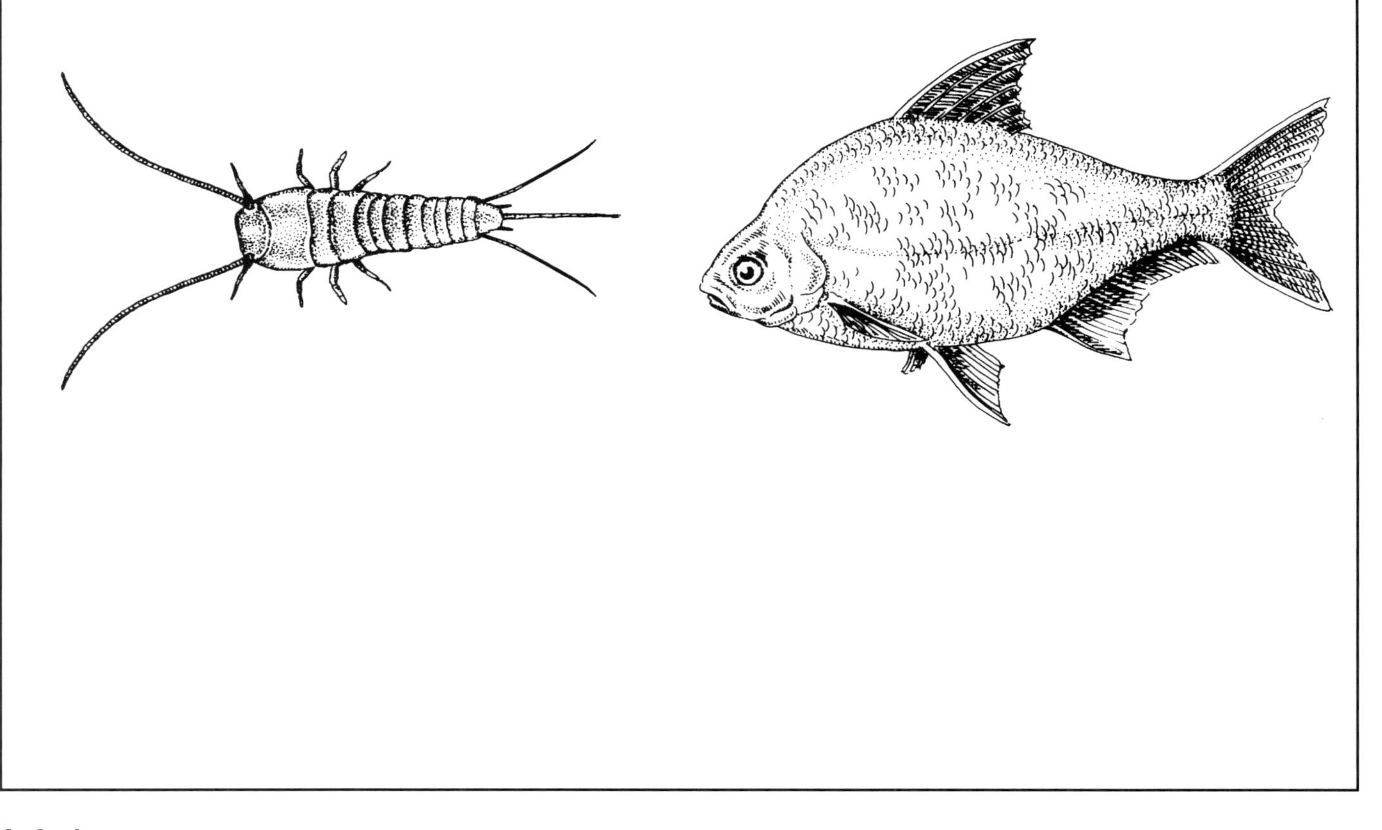

Aufgaben:

1. Erkläre den Namen „Silberfischchen"!
2. Stelle die Merkmale von Silberfisch und Fisch gegenüber!

Merkmal	Silberfisch	Fisch
Lebensraum		
Bewegung		
Skelett		
Körperanhänge		
Aufgabe der Schuppen		
Material der Schuppen		
Verwandtschafts-Gruppe		

I./M 4	Die Schnake	Materialgebundene AUFGABE

Arbeitsmaterial:

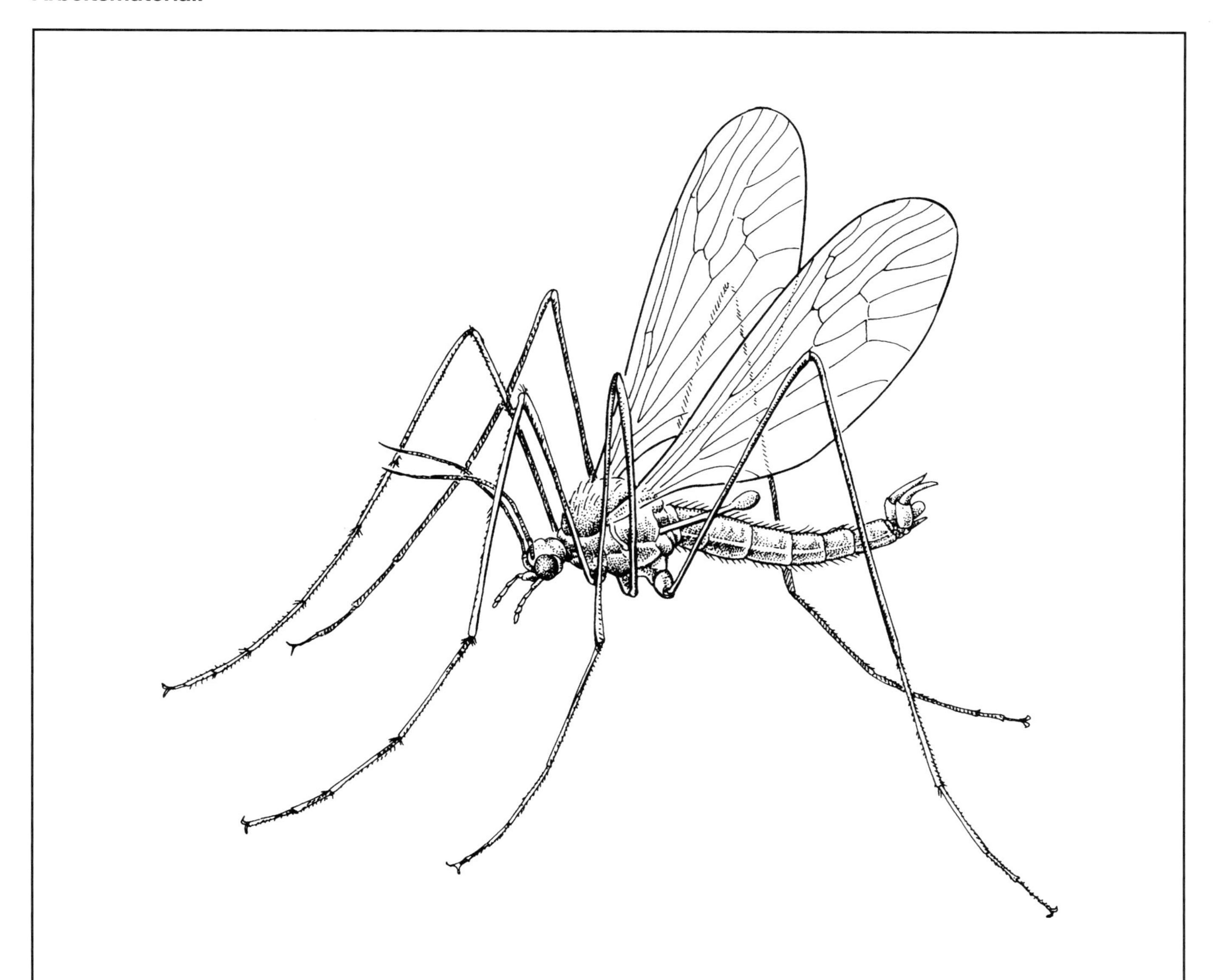

An warmen Maitagen erscheint die Kohlschnake *(Tipula oleracea)*. Ihr Name zeigt, dass sie mit den Mücken (= „Schnaken“) verwandt ist. Im Gegensatz zu den Blut saugenden Mücken handelt es sich um harmlose Säftesauger und Pflanzenfresser. Ihre Larven leben im Boden und ernähren sich von Wurzeln der Gräser. In größeren Mengen können sie Schäden anrichten. Die erwachsenen Männchen sind 15 bis 16 mm groß, die Weibchen messen etwa 26 mm. Der Körper ist grau-braun gefärbt und in drei Abschnitte untergliedert. Besondere Merkmale sind die kurzen, dünnen Fühler, kauend-beißende Mundwerkzeuge und die Facettenaugen. Am Brustabschnitt befinden sich drei lange zerbrechliche Beinpaare. Bei Gefahr können einzelne Beine leicht abbrechen. Am Brustabschnitt befinden sich auch 1 Paar schmale, hellgrau gefärbte Vorderflügel und 1 Paar kolbenförmige Schwingkölbchen, die ein Fünftel der Flügellänge ausmachen und sich aus dem hinteren Flügelpaar entwickelt haben.
Der länglich geformte Hinterleibsabschnitt besteht aus etwa 13 Segmenten und enthält die Verdauungs- und Fortpflanzungsorgane.

Aufgaben:

1. Beobachte eine lebende Schnake, die du im Mai / Juni abends durch Licht anlocken kannst (z.B. hinter einer Fensterscheibe)!
2. Beschreibe den Körperbau der Schnake mithilfe der Beschreibung im Text und der Abbildung!
3. Beschrifte die Zeichnung!

I./M 5	Asseln: Krebse an Land	Materialgebundene AUFGABE

Arbeitsmaterial:

Kellerasseln findet man an Land nur an feuchten Standorten. Sie nehmen den Sauerstoff sowohl mit Lungen (Tracheenlungen) aus der Luft wie auch mit Kiemen aus dem Wasser auf.

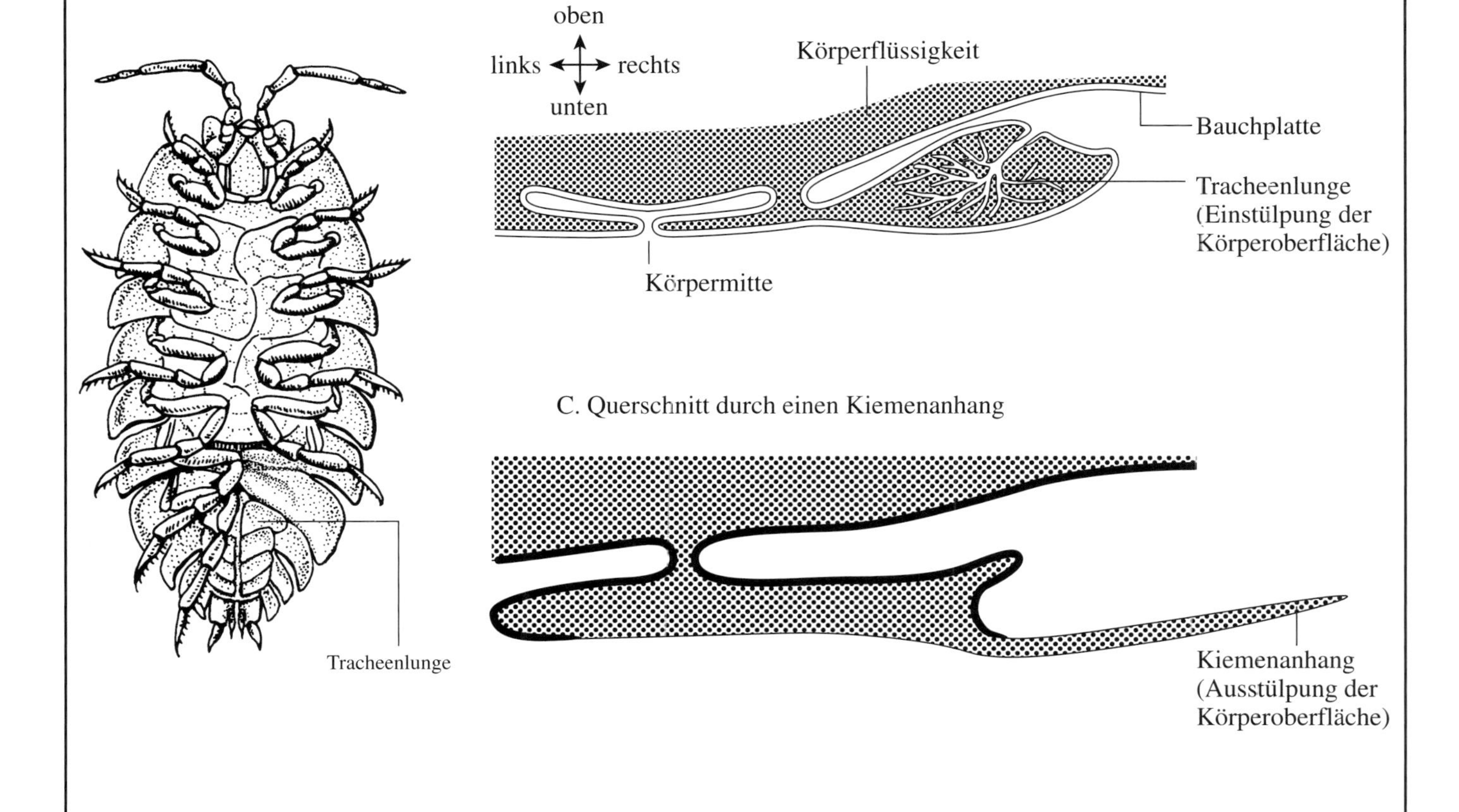

Aufgaben:

1. Kennzeichne den Weg des Sauerstoffs aus der Umwelt in den Körper der Assel durch Pfeile!
2. Erkläre, wieso die Kellerassel als Krebs an Land leben kann!
3. Informiere dich über den Bau eines Krebses und beschreibe die typischen Krebsmerkmale an der Assel!

I./M 6	Die Larve des Pochkäfers	Materialgebundene AUFGABE

Arbeitsmaterial:

Holzwürmer

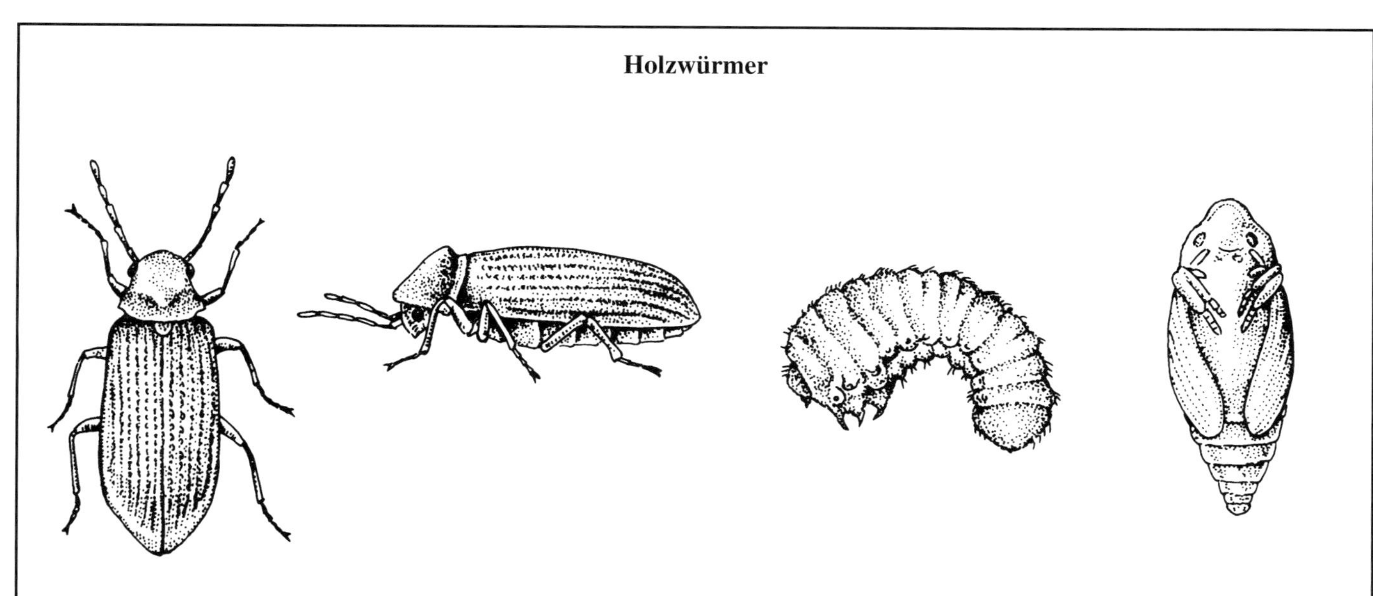

Abb. 1: Der Pochkäfer (erwachsenes Tier) Rücken- und Seitenansicht (natürliche Länge etwa 4 mm)

Abb. 2: Larve und Puppe des Pochkäfers (natürliche Länge etwa 4 mm)

Die Larve des Nagekäfers *Anobium punctatum* ist als „Holzwurm" bekannt. Aus den etwa 1,7 mm kreisrunden Löchern befallener Möbel kriechen die erwachsenen, nur etwa 4 mm langen Käfer, die im Flug kleinen Fliegen ähneln. Kurz nach der Paarung legt das Weibchen winzige Eier in Ritzen und an rauen Holzfasern von Fußbodenbrettern, Möbeln und Balken. Bei etwa 22 °C und einer Holzfeuchtigkeit von 30 % schlüpfen nach 3 bis 4 Wochen die Larven, die sich sofort in das Holz hineinnagen. Sie verdauen das Holz mit Hilfe von spezialisierten Hefezellen in ihrem Darm. Mindestens 2 Jahre dauert es, bis die Larven sich verpuppen. Im Sommer darauf schlüpfen die Käfer.

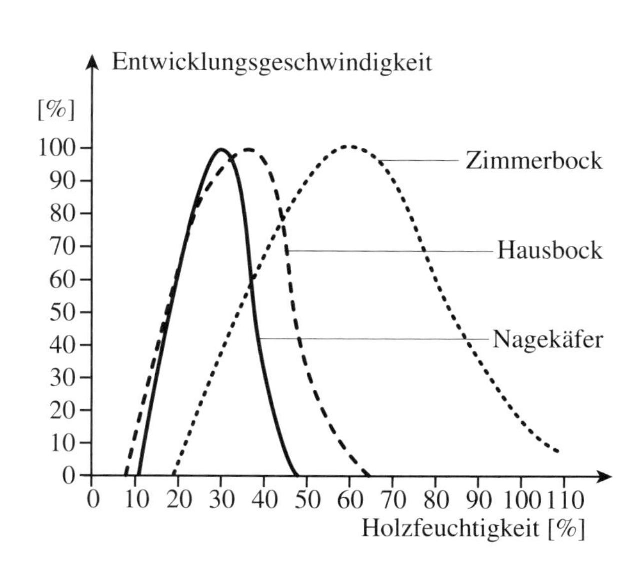

Abb.3: Entwicklungsgeschwindigkeit von Holzwürmern in Abhängigkeit von der Holzfeuchtigkeit

Aufgaben:

1. Warum findet man häufig an der Rückseite von und auf dem Boden unter alten Möbeln die Schlupflöcher der Pochkäfer?
2. Wie lange dauert es bis zum Schlüpfen der nächsten Nagekäfergeneration, wenn ein Möbelstück eine Holzfeuchtigkeit von 20 % statt 30 % hat?
3. Wie ist zu verhindern, dass durch ein befallenes Möbelstück auch andere Möbelstücke befallen werden?
4. Erkläre, wieso wurmstichiges Holz in der Natur seltener anzutreffen ist als in menschlichen Wohnungen!

I./M 7	Sind Wespen schädlich?	Materialgebundene AUFGABE

Arbeitsmaterial:

Tab. 1: Lebensgewohnheiten häufiger Wespen

Name	Nahrung	Ort und Form der Nester	Vorkommen	Größe (mm)	Kopfgestalt
Gemeine Wespe (*Paravespula vulgaris*)	Fliegen, Raupen Bienen, Spinnen Nektar, Obstsaft	unter- oder oberirdisch kugelig bis eiförmig spröde, gelbbraun	weltweit	12–15	
Deutsche Wespe (P. germanica)	Fliegen, Raupen Bienen, Nektar Obstsaft, Zuckersaft	unter- oder oberirdisch	weltweit	13–16	
Kleine Hornisse (*Dolichovespula*)	Fliegen und andere Insekten	an Zweigen hängend an Holz, eiförmig Eingangsröhre unten gelblich	selten, geschützt	18–20	
Sächsische Wespe (*D. saxonia*)	Pollen Fliegen	frei hängend an Holz Zweigen, in Holzschuppen, auf Dachböden	bewaldetes Hügelland	12–15	
Hornisse (*Vespa crabro*)	Insekten Pflanzensäfte	Baumhöhlen in stehenden oder liegenden Bäumen	selten, geschützt	20–33	

Tab. 2: Anzahl verschiedener Insekten in 960 Futterpäckchen heimkehrender Wespen-Arbeiterinnen

Fliegen, Mücken	344	Raupen	74	Warmblüterfleisch	74
Honigbienen	23	Spinnen	13	Heuschrecken	5
Käfer	4	Blattlauspäckchen	3	Schmetterlinge	2
Wanzen	2	Zikaden	1	Florfliegen	1

Aufgaben:

1. Erläutere, welche Wespen „lästig“ werden können!
2. Nenne Maßnahmen, die verhindern, dass die Tiere „lästig“ werden!
3. Erläutere, wieso alle Wespen nützlich sind!
4. Nenne Merkmale, an denen man die in Tabelle 1 genannten Wespen unterscheiden kann!

I./M 8	Beobachtung von Blattläusen	EXPERIMENT

Arbeitsmaterial:

Versuchsprotokoll

Material und Geräte: Blattläuse, auf Pflanzenteilen belassen, von Topfpflanzen oder aus dem Garten; 1 100 ml Erlenmeyerkolben oder Vase, Lupe, Zentimetermaß mit Millimetereinteilung oder Millimeterpapier, Objektträger, Wattestäbchen, Pinzette

Abb.: Saugende Blattlaus von vorn

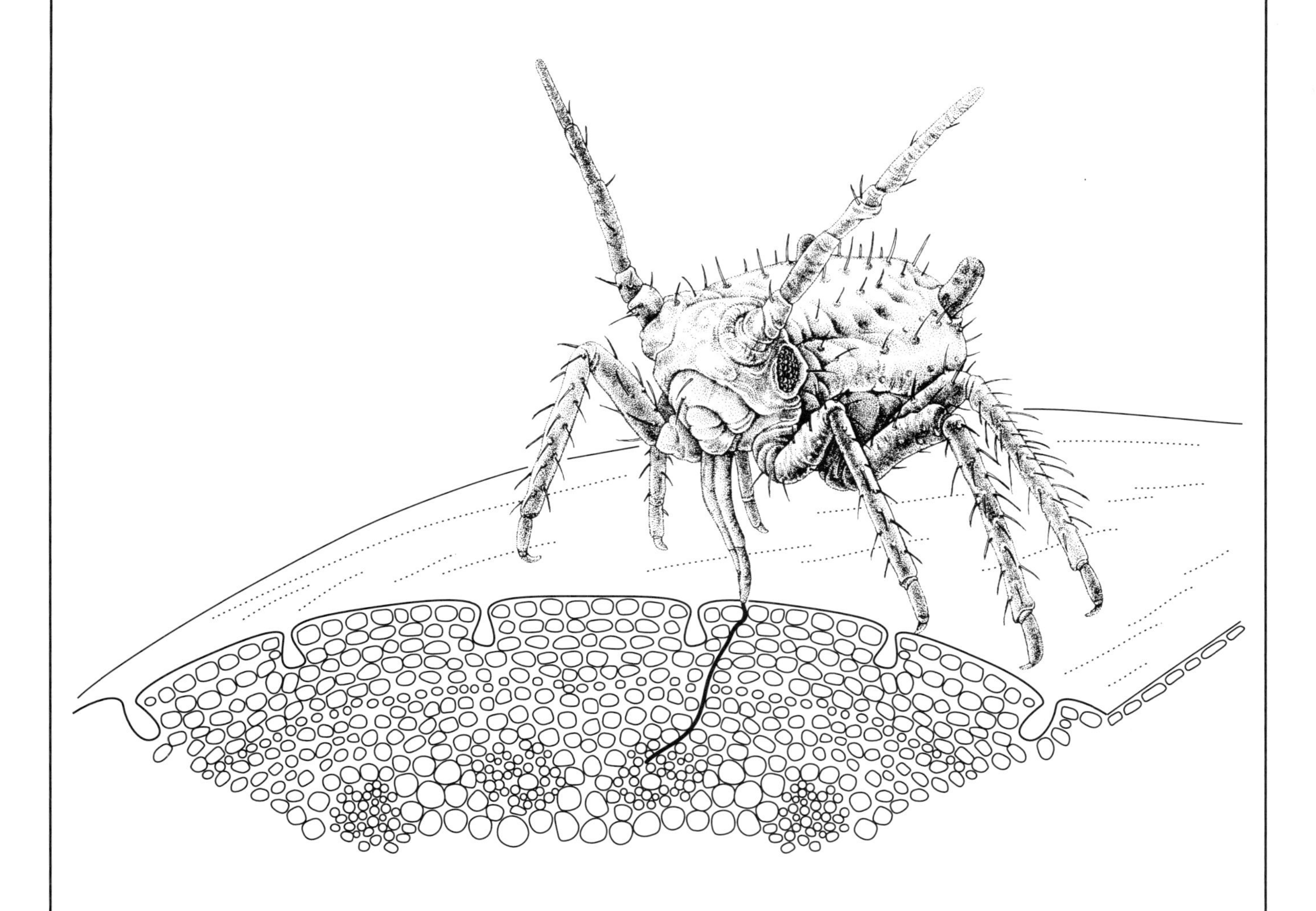

Durchführung:
Suche an Topfpflanzen oder Pflanzen aus der Umgebung nach Blattläusen an jungen Pflanzentrieben (Rosen, Geranien, Petunien, Bohnen, Büsche, Kräuter). Du findest sie besonders dort, wo die Blätter bereits gekräuselt sind oder die Pflanzen oder der Boden darunter einen klebrigen Belag aufweisen.
Schneide einen solchen Trieb ab und stelle ihn in ein Gefäß mit Wasser.
Streife vorsichtig eine einzelne Blattlaus mit einem Wattestäbchen, der Kante eines Stück Papiers oder der Pinzette auf die Handinnenfläche.
Setze eine Blattlaus auf einen Objektträger und betrachte sie mit der Lupe möglichst von allen Seiten.

Aufgaben:

1. Beschreibe, was du siehst und fühlst, wenn eine Blattlaus auf deiner Handinnenfläche sitzt!
2. Zeichne eine Blattlaus in der Seitenansicht!
3. Beschrifte die Abbildung einer Blattlaus von vorn!

I./M 9	Milben im Haus	Materialgebundene AUFGABE

Arbeitsmaterial:

Elektronenmikroskopische Abbildung einer etwa 0,2 mm großen Hausstaubmilbe. Die Hausstaubmilben ernähren sich von Hornschüppchen und anderen winzigen Abfällen von Tier, Pflanze und Mensch.

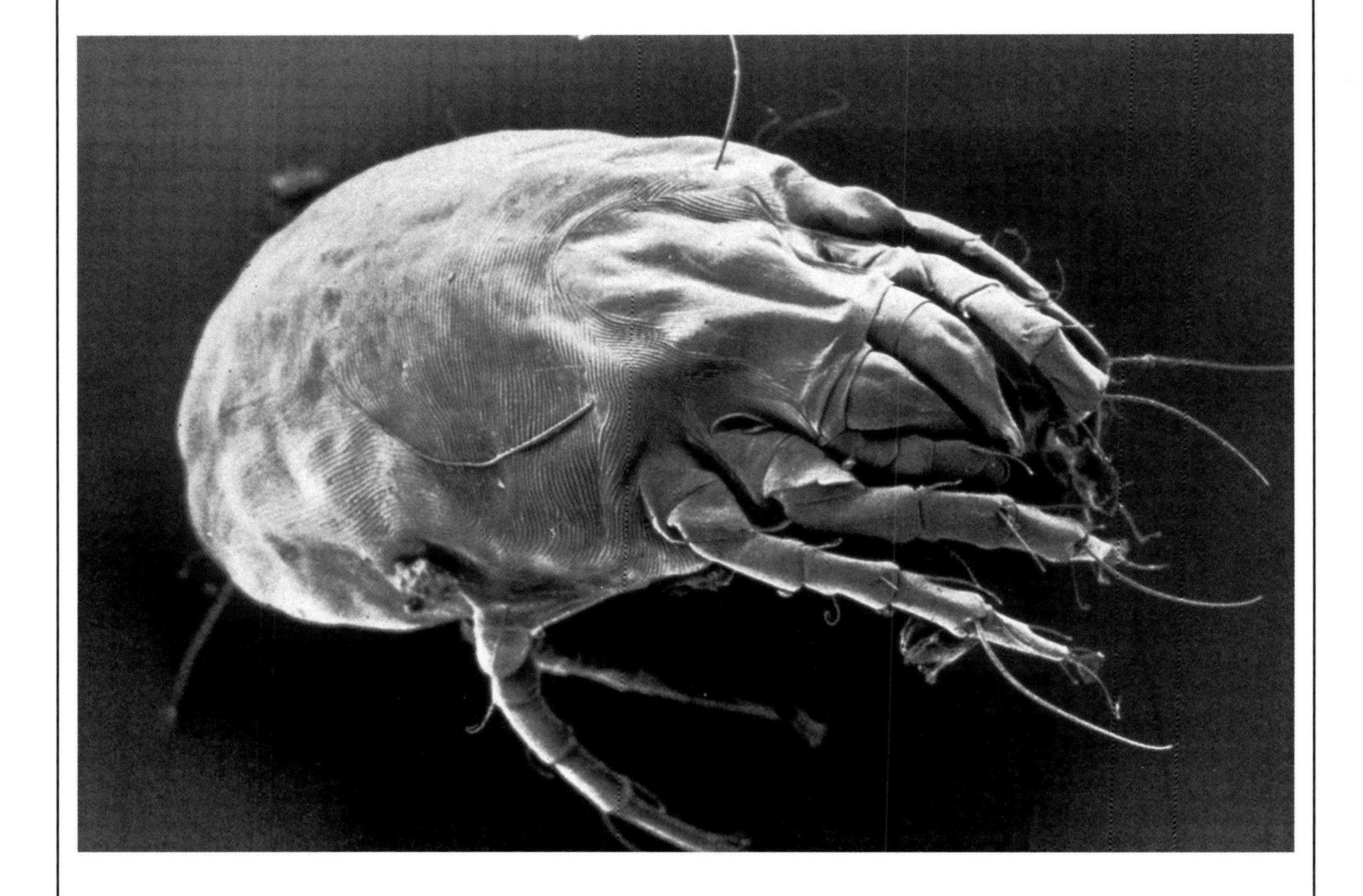

Die Hausstaubmilbe gilt als eine der häufigsten Allergieauslöser im Wohn- und Arbeitsbereich.

Aufgaben:

1. Zeichne das Foto ab!
2. Beschrifte die Zeichnung mit den Begriffen: 1., 2., 3. , 4. Beinpaar; vorn; hinten!

I./M 10	Laufkäfer: Gefräßige Räuber	Materialgebundene AUFGABE

Arbeitsmaterial:

Abb.1: Ein Laufkäfer an einem Stück Aas, das unter Laub verborgen ist

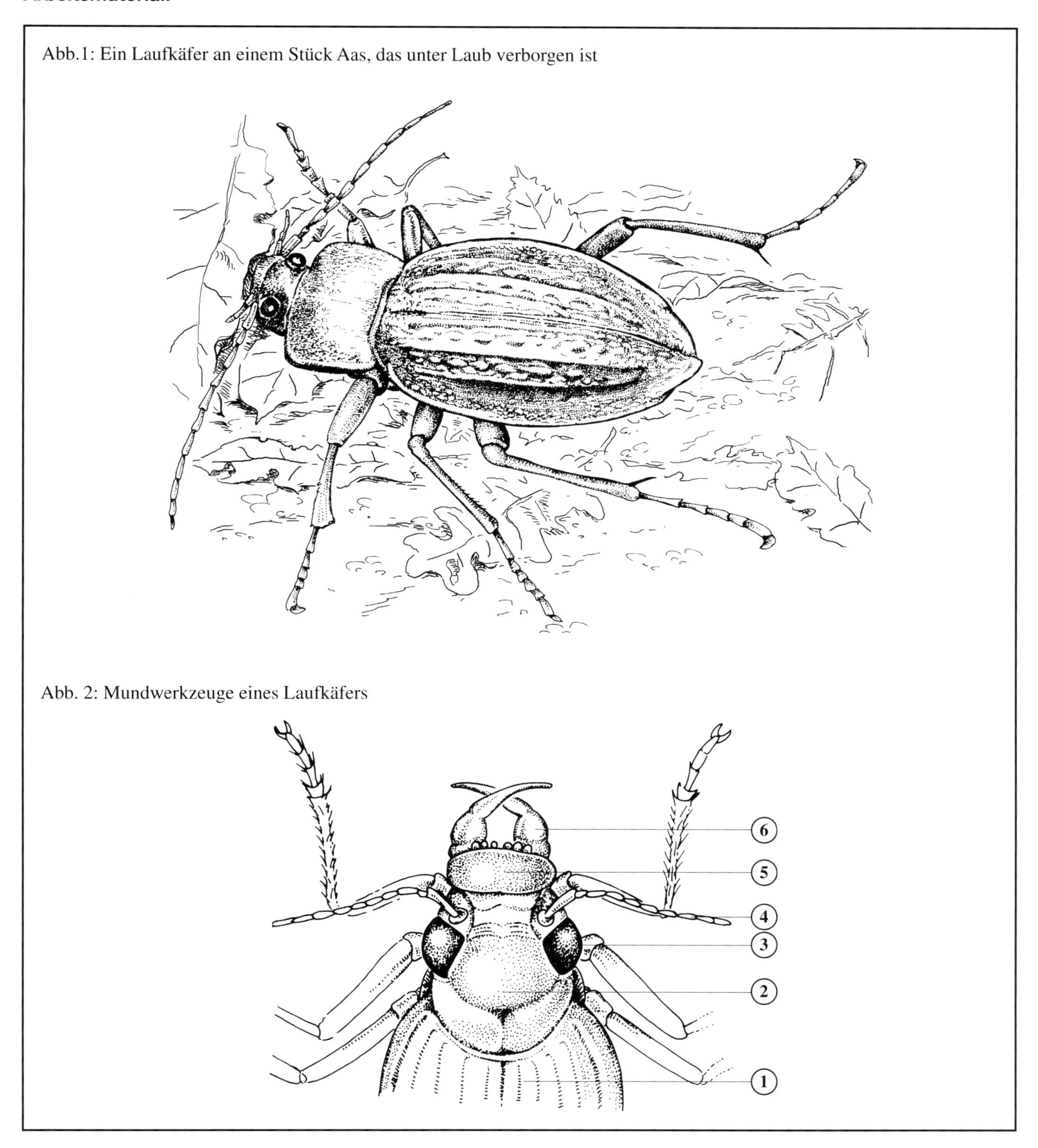

Abb. 2: Mundwerkzeuge eines Laufkäfers

Aufgaben:

1. Beschreibe die Körpergliederung des Laufkäfers!
2. Ordne den Ziffern in Abb. 2 die folgenden Begriffe zu: a) Oberlippe, b) Oberkiefer, c) Fühler, d) Facettenaugen, e) Kopfschild, f) Deckflügel!
3. Informiere dich über die Lebensräume von Laufkäfern!

I./M 11	Lebensraum Afelbaum	Materialgebundene AUFGABE

Arbeitsmaterial:

Tiere im Apfelbaum

Abbildungen von Apfellaus, Apfelblattsauger, Weichkäfer, Apfelwickler, Spinnmilbe, Apfelsägewespe, Marienkäferlarve, Florfliege

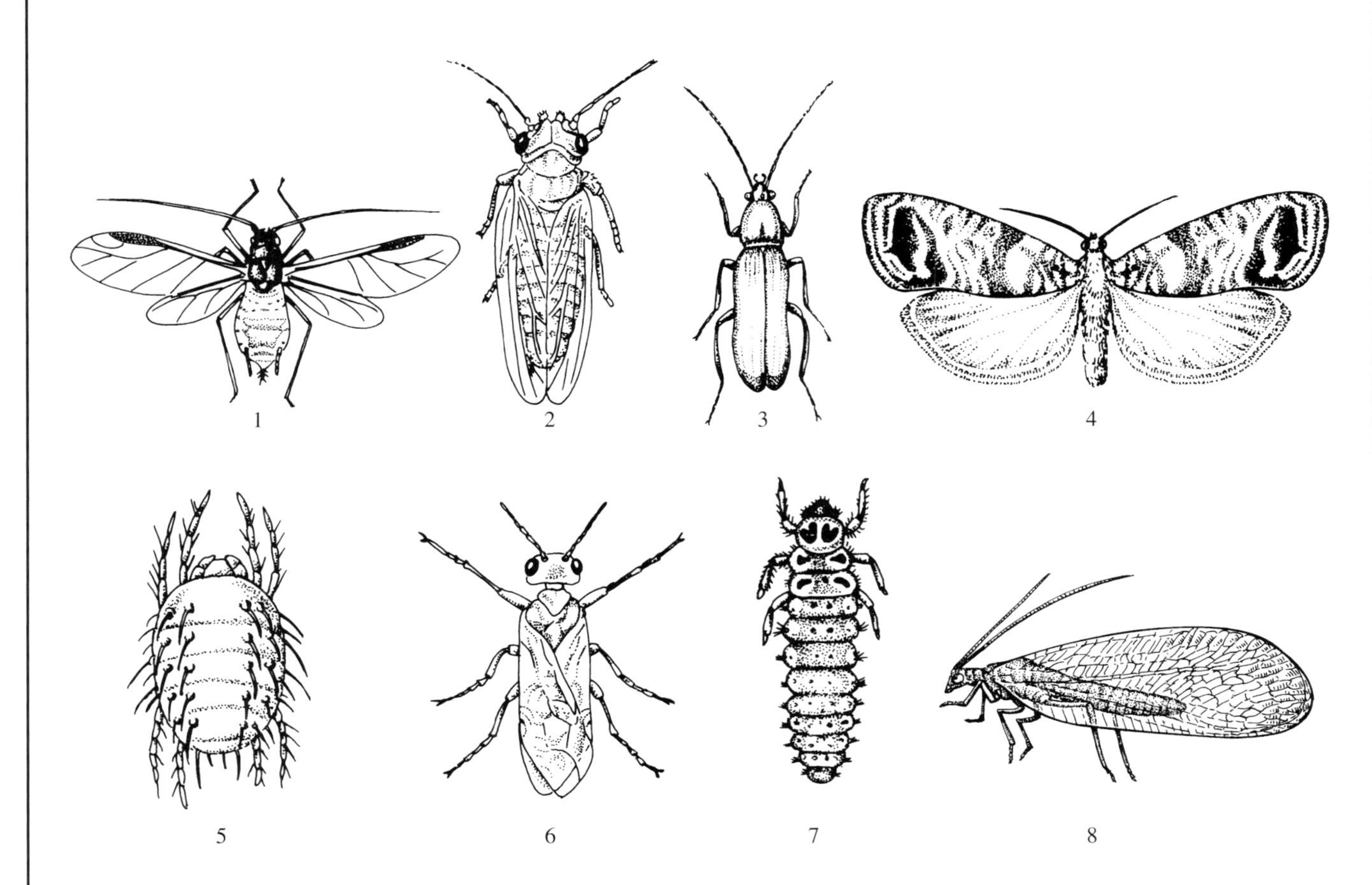

a) Die schwarz-grau gefleckte **Larve des Marienkäfers** vertilgt viele Blattläuse.
b) Der **Apfelwickler** hat 2 cm Spannweite. Weibchen legt zu Sommerbeginn Eier an jungen Früchten ab. Nach 7 Tagen bohrt sich die geschlüpfte Larve in den Apfel. 4 Wochen später verlässt sie den Apfel und verpuppt sich im Boden.
c) Im Herbst erfolgt die Eiablage der **Apfelblattsauger** in der Nähe der Knospen. Die Eier überwintern, und im Frühling schlüpfen winzige Larven mit Stummelflügeln. Sie saugen an frischen Trieben und scheiden große Mengen an nicht verwertbaren Zuckersäften wieder aus. Dieser Zuckersaft verklebt die Blütenknospen, die sich dann nicht mehr öffnen können.
d) Der **Weichkäfer** hat zwar nur einen dünnen Chitinpanzer, aber sehr scharfe Kiefer, mit denen er Blattläuse und andere winzige Insekten und ihre Larven verzehrt.
e) Die Larve der **Apfelsägewespe** kriecht in mehrere noch junge Äpfel, die höchstens haselnussgroß werden.
f) Die **Spinnmilben** können sich stark vermehren und saugen Pflanzensaft. Dadurch kann ein Baum sehr geschwächt werden.
g) Die **Florfliege** und ihre Larven vertilgen hunderte von Blattläusen.
h) Die **grüne Apfellaus** saugt an Blättern und jungen Sprossen. Die Blätter kräuseln sich, Früchte werden nicht richtig entwickelt.

Aufgaben:

1. Ordne die Abbildungen den Texten zu!
2. Stelle fest, welche der genannten Tiere als Nützlinge, welche als Schädlinge zu bezeichnen sind!
3. Informiere dich mithilfe von Bestimmungsbüchern, zu welcher Insektengruppe die Tiere (b), (e) und (f) gehören!
4. Was unterscheidet die Spinnmilbe von allen anderen genannten Tieren?

I./M 12	Spinnen als Blattlausräuber	Materialgebundene AUFGABE

Arbeitsmaterial:

Beobachtungen in Obstanlagen haben gezeigt, dass netzbauende Spinnen im Herbst oft in großer Zahl auf den Bäumen anzutreffen sind. Zu dieser Zeit fliegen auch die wirtswechselnden Apfelblattläuse vom Sommerwirt (Wegerich) auf die Apfelbäume zurück, um dort ihre Wintereier abzulegen.
In einer Versuchsobstanlage, die in einer Hälfte mit Wildkrautstreifen bestückt war, konnte gezeigt werden, dass durch ein vielfältiges Pflanzenleben auch die Spinnen gefördert wurden (s. Grafik).

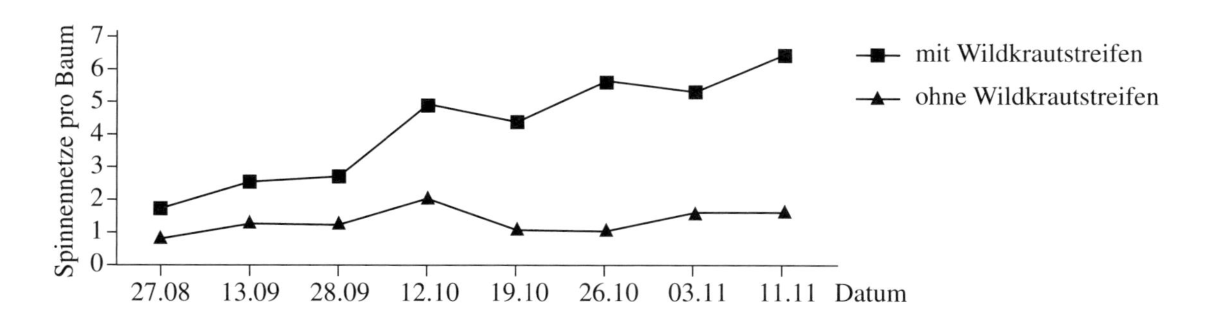

Abb.: Anzahl der Spinnennetze in einer Obstanlage mit und ohne Wildkrautstreifen.

Der Einfluss der Spinnenaktivität wurde mit Astproben untersucht. Dafür bebrüteten die Forscher Aststücke im Labor und zählten die Anzahl schlüpfender Blattläuse. Es zeigte sich, dass auf den Astproben der Hälfte mit Wildkrautstreifen viel weniger Blattläuse schlüpften. Je mehr Spinnen im Herbst vorhanden gewesen waren, desto weniger Blattläuse schlüpften aus Wintereiern.

Aufgaben:

1. Beschreibe die Befunde in der Grafik!
2. Erläutere die Befunde!
3. Informiere dich über die Fortpflanzung und Vermehrung von Blattläusen und erläutere, an welcher Stelle des Vermehrungszyklus der Blattläuse die Vermehrung der Spinnen wirksam wird!
4. Welche Bedeutung haben die Befunde für einen Obstbauern?

I./M 13	Die Rüssellänge verschiedener Hautflügler	Materialgebundene AUFGABE

Arbeitsmaterial:

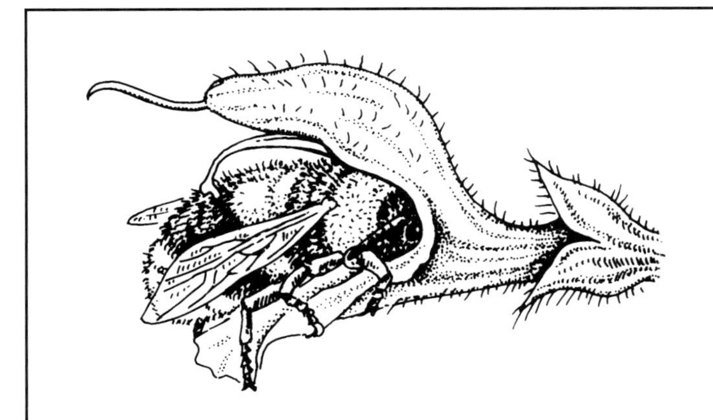

Abb. 1: Hummel an einer Salbeiblüte

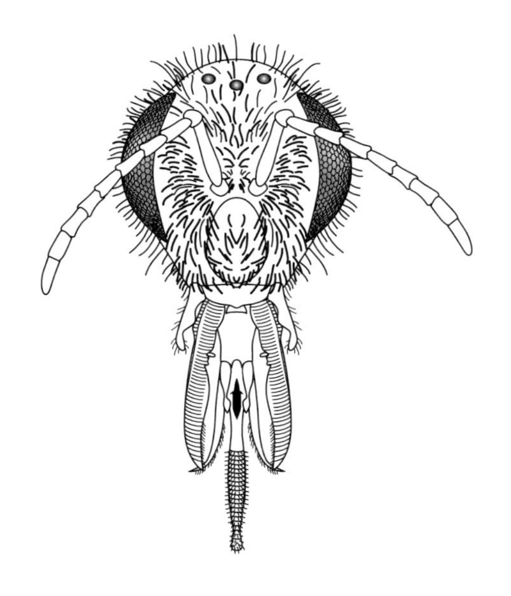

Abb. 2: Kopf der Arbeiterin einer Honigbiene

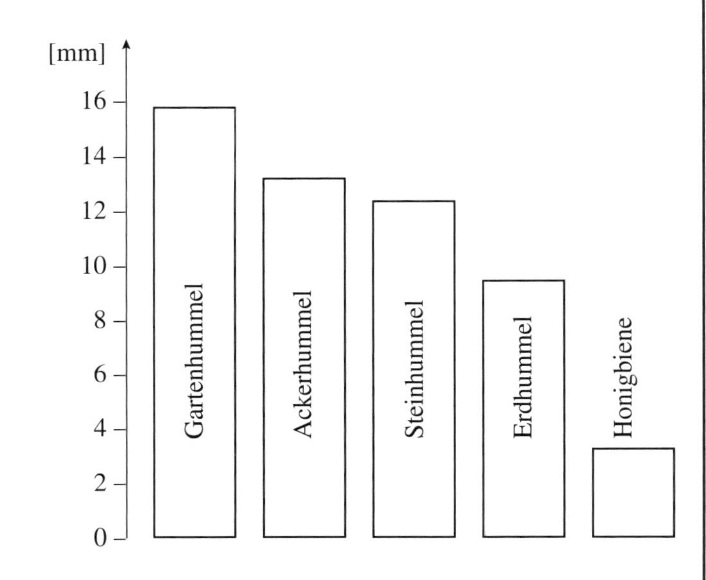

Abb. 3: Rüssellängen von Arbeiterinnen verschiedener Hummeln und Bienen

Aufgaben:

1. Erläutere die Befunde in Abb. 3!
2. Erläutere die Folgen, die sich aus einer Abnahme der Pflanzenvielfalt für Hummeln und Bienen sowie für die verbleibenden Individuen der Pflanzen ergeben!

I./M 14	Hummeln und Pflanzen	Materialgebundene AUFGABE

Arbeitsmaterial:

Bau einer Hummel (Schema)

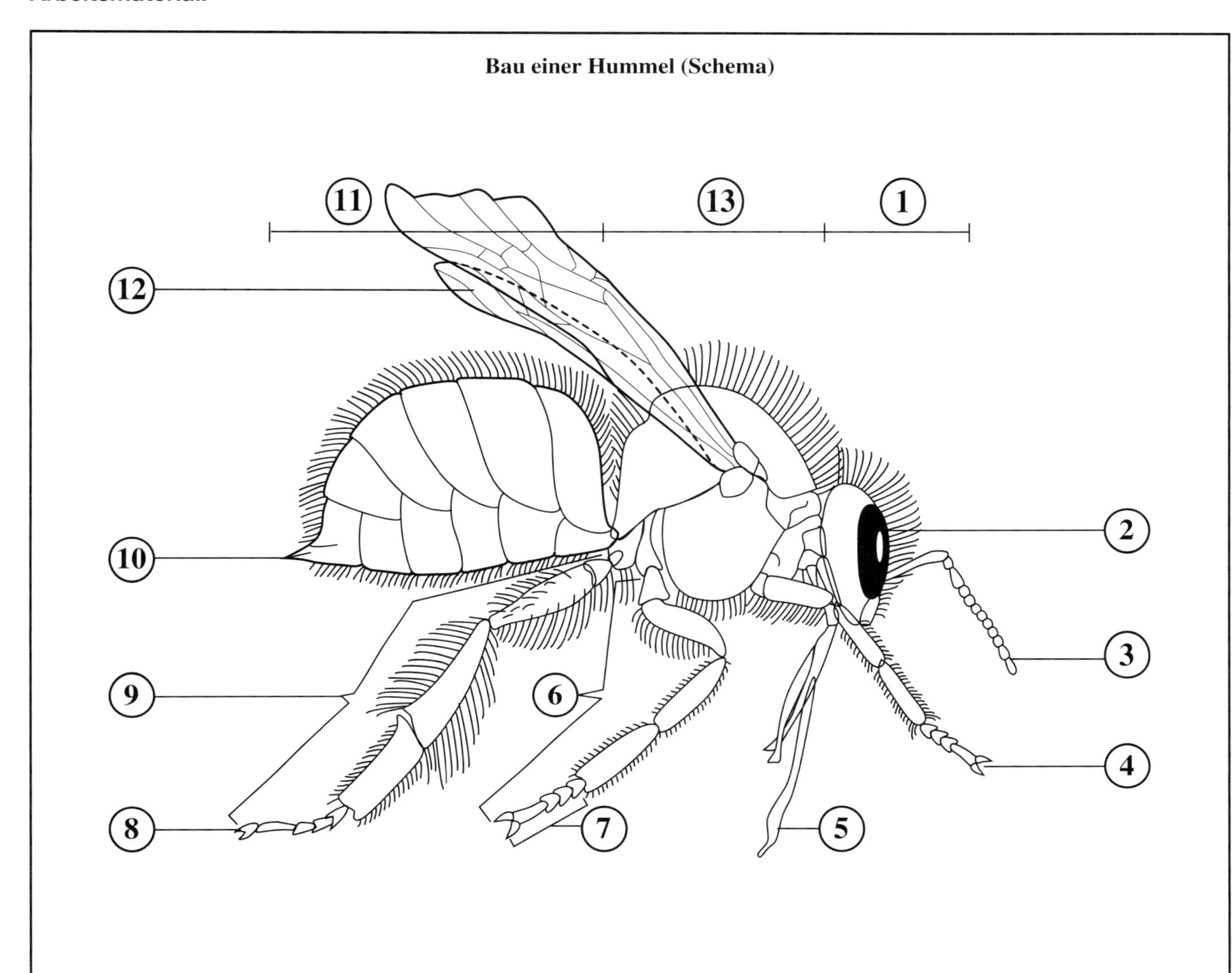

Etwa 30 verschiedene Hummelarten bevölkern Mitteleuropa. Ohne sie könnten viele Pflanzen nicht überleben. Hummeln ernähren sich von Nektar und Pollen folgender Pflanzen: Ackerbohne, Akelei, Apfel, Bohne, Brombeere, Beinwell, Disteln, Erbse, Eisenhut, Edelwicke, Fingerhut, Glockenblumen, Große Braunelle, Hauhechel, Himbeere, Johannisbeere, Kirsche, Klatschmohn, Kratzdistel, Krokus, Lavendel, Leinkraut, Löwenmäulchen, Lungenkraut, Luzerne, Raps, Rittersporn, Rotklee, Senf, Stachelbeere, Schlüsselblumen, Schwertlilie, Springkraut, Thymian, Weiden, Wiesensalbei.
Hummeln leben unter Dachziegeln, in verlassenen Mäuselöchern und Vogelnestern, in vertrockneten Grasbüscheln, in oder unter Sträuchern, die mit Gras verwachsen sind, in Hecken, auf Wiesen, in Steinhaufen und Mauerrissen.

Aufgaben:

1. Ordne den Zahlen in der Zeichnung die richtigen Begriffe zu!
2. Ordne die im Text genannten Pflanzen nach ihren Nutzungsmöglichkeiten für den Menschen!
3. Erläutere, warum der Einsatz von chemischen Schädlingsbekämpfungsmitteln, die sich gegen Insekten richten, zum Verschwinden vieler Pflanzen in der entsprechenden Region führt!
4. Wie lassen sich Hummeln im Garten halten?

I./M 15	Rätselecke: Wirbellose Tiere in Haus und Garten	Materialgebundene AUFGABE

Arbeitsmaterial:

A. Lückenwörter

Regenwurm	_ _ d _ _	<>	Gnu	Steppe
_ i _ _ _ l _ _ _ r	Innenskelett	<>	Käfer	A _ ß _ _ _ _ _ _ _ _ t t
Wirbeltier	Knochen	<>	Schmetterling	_ _ i _ _ _
Linsenauge	Mensch	<>	_ _ c _ _ _ _ _ a _ _ e	Krebs
_ _ _ _ _ _ w _ _ _	Hautmuskelschlauch	<>	Wirbeltier	S _ _ _ _ _ _ m _ _ k _ _ _ _ u _
Regenwurm	Erdkröte	<>	Maikäfer	V _ _ _ _
Regenwurm	Maulwurf	<>	L _ _ b	Regenwurm

B. Modell eines Regenwurms

Baue ein einfaches Modell für den Regenwurm. Es besteht aus einem länglichen kleinen Luftballon, mit Wasser gefüllt, zugebunden, und deinen Händen, die du um den Ballon legst. Mit diesem Modell kannst du einen Teil der Fortbewegung des Regenwurms demonstrieren.

B 1: **Wofür** stehen die Teile des Modells?

Wasser im Ballon: **_ _ r _ _ _ _ l _ _ _ _ g _ _ _ t**

Ballonhülle: **_ _ _ t und M _ _ _ _ l _**

sich bewegende Hände: **K _ _ _ r _ _ _ i o _ der M _ _ _ _ l _**

B 2: Welche **Veränderung der Körpergestalt** kannst du damit demonstrieren?

Das _ ü _ _ _ r- und _ _ n _ _ _ _ e _ _ _ n.

B 3: Welche **Bewegungen** kannst du nicht damit demonstrieren?

Die V _ _ _ ä _ _ s- und _ ü _ _ w _ _ _ _ b _ _ _ _ _ _ _ _.

Aufgaben:

1. Finde die richtigen Begriffe in A!
2. Baue das Modell des Regenwurms! Ergänze die Buchstaben unter B!

I./M 16	Kreuzworträtsel: Wirbellose und ihre Umgebung	Materialgebundene AUFGABE

Arbeitsmaterial:

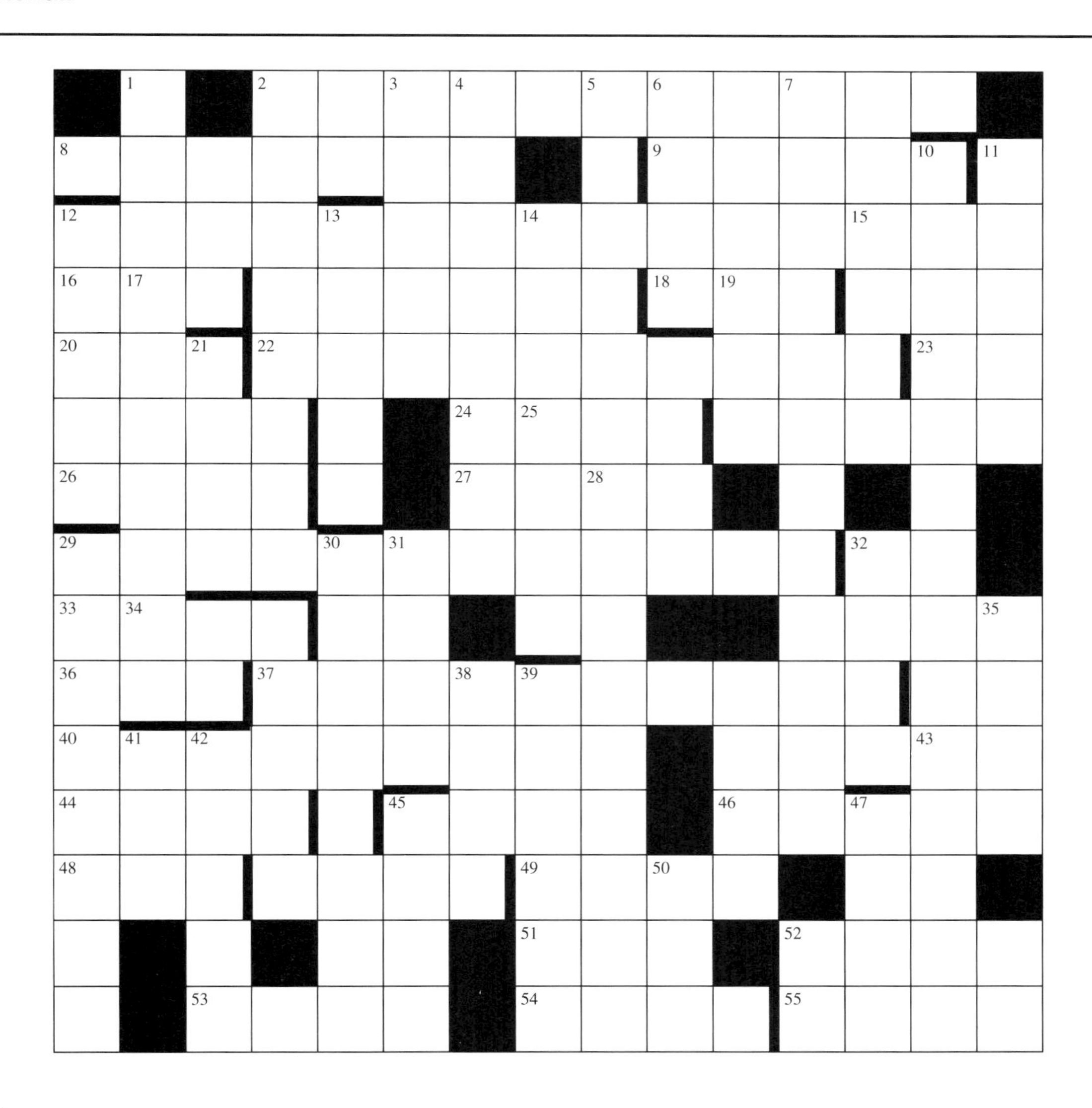

Waagerecht:
2. flügelloses Urinsekt, in menschlichen Behausungen zu finden; 8. Behausung einer wasserlebenden Fliegenlarve (ö = oe); 9. Zeitspanne, die ein Organismus während seines Lebens zurückgelegt hat; 12. Lebensraum von Eintagsfliegenlarven; 13. räuberischer Gliederfüßer mit vielen Beinen (ä = ä); 16. Sinnesorgan am Bein von Heuschrecken; 18. braucht jeder Mensch für eine gute Leistung; 20. südrussischer Fluss; 22. beliebte Futterpflanze für bestimmte Schmetterlingslarven; 23. Wort für dritte Person Singular Neutrum; 24. Gefühl der Abneigung vor Spinnen; 26. Warmblüterbehausung, in der sich viele Milben und Flöhe aufhalten; 27. Frucht mit einer harten Schale, in die sich kleine Käferlarven einbohren; 29. festsitzender Krebs, benannt nach einer Wasservogelgruppe und einer Weichtiergruppe im Wasser; 36. menschlicher Bewohner einer europäischen Insel; 37. Organ am Brustabschnitt von Käfern; 38. Technische Erfindung des Menschen zur Fortbewegung, um schneller als viele Gliederfüßer zu werden; 44. Chitin-Ausbildung an der Oberfläche von Insekten; 45. Fortbewegungsart vieler Insekten; 46. Lebensraum von Eintagsfliegenlarven; 48. Pflanzliches Organ, auf dem sich gern Spannerraupen verstecken; 49. Körperzustand nach der Nahrungsaufnahme; 51. Lebensraum von Libellenlarven; 52. arabisches Emirat; 53. gepflegte Nahrungsaufnahme; 54. Lebensraum vieler Krebse; 55. Leitungsbahn für elektrische Impulse.

Senkrecht:
1. Große Würgeschlange; 2. lästiges, sehr schnelles Insekt in Küchen und Vorratsräumen; 3. Bewohner von Lettland; 4. Gefühl auf der Haut nach dem Kontakt mit einer Feuerqualle; 5. äußere Schicht eines Baumes; 6. und 32. ungehinderte Bewegung zum Erdmittelpunkt; 7. häufiger Zweiflügler in menschlichen Behausungen; 10. mit kurzen Borsten versehenes längliches Gliedertier; 11. mittlerer Körperabschnitt der Insekten; 12. fester Lebensraum für viele, auch sehr kleine Gliedertiere: 13. trockene Getreidehalme; 14. Fluss in Bayern, an dessen Oberlauf sehr viele Steinfliegenlarven leben; 15. erster Teil des Namens eines menschlichen Parasiten; 17. männliche Keimdrüsen; 19. Himmelsrichtung; 21. siehe 26 waagerecht; 25. menschlicher Liebesbeweis; 28. Tätigkeit (Einzahl), mit der Schmetterlinge ihre Flügel bewegen; 29. arabischer Fürst; 30. Bezeichnung für ein gefälliges Äußeres; 31. Fürwort 1. Person, Akkusativ; 34. Auerochse; 35. Außenparasit auf vielen Warmblütern; 37. Verdauungsorgan; 38. Empfindung für niedrige Temperatur; 39. Fließgewässer; 41. totes Tier; 42. Angabe für einen Zeitpunkt; 43. Gruppe von Individuen; 44. große Eile; 45. untätig; 47. Bezeichnung für Biene; 50. Getränk aus in Wasser aufgebrühten Blättern; 52. englisch: auf

Aufgaben:

Löse das Rätsel!

I./M 17	Beobachtung von Schnecken	EXPERIMENT

Arbeitsmaterial:

Versuchsprotokoll

Thema: Eine Beobachtungsarena für Wirbellose

Material und Geräte: 2 Stative, 2 Querstangen, Stativklemmen, Stativringe, 1 Acrylglas – oder Glasscheiben (DIN A 4), 1 Handspiegel, 1 Stimmgabel, 1 dunkle Pappscheibe, Lippen- oder Deostift, Gartenschnecke

Durchführung: Fertige in Augenhöhe aus 2 Stativen (1), 2 Querstangen (2) und mehreren Klemmen und Haltern (3) ein Gerüst für die Beobachtungsarena (4) aus Acrylglas oder Glas, Größe etwa DIN A 4, mit geschliffenen Kanten.

Befestige unter der Glasscheibe einen Handspiegel (5), um Beobachtungen von unten machen zu können.

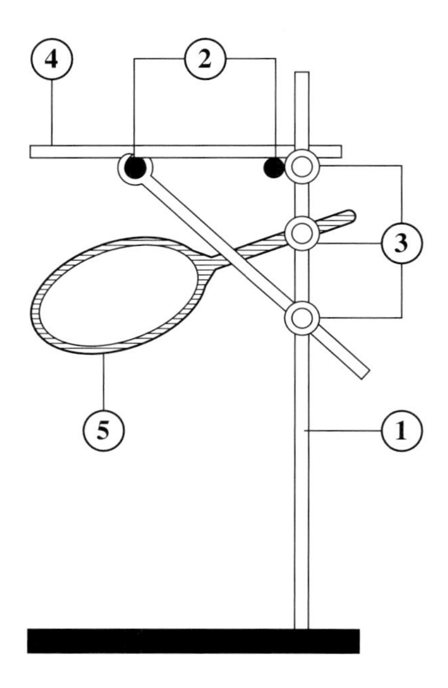

Seitenansicht der Beobachtungsarena

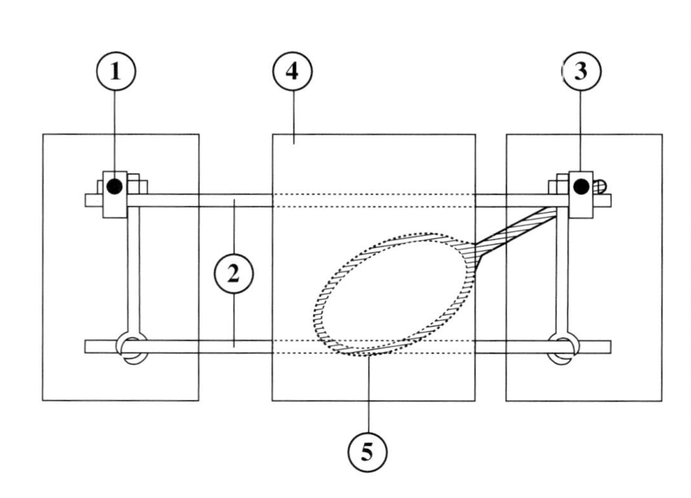

Grundriss der Beobachtungsarena

Aufgaben:

1. Beobachte die Körperbewegungen einer Schnecke von unten und von der Seite!
2. Zeichne die Schnecke von der Seite!
3. Beobachte die Reaktionen der Schnecke, wenn du
   3.1 eine schwingende Stimmgabel an die Beobachtungsarena setzt,
   3.2 eine dunkle Pappscheibe auf ihren Kopf zu bewegst,
   3.3 mit einem Lippenstift oder Deostift einen Dreiviertelkreis in etwa 3 bis 8 cm (je nach Schneckengröße) ziehst!
4. Protokolliere und erläutere deine Beobachtungen!

I./M 18	Bewegung ohne festen Halt	Materialgebundene AUFGABE

Arbeitsmaterial:

A. Regenwurm (dunkel: Körperhöhle und Körperflüssigkeit, innere Organe außer Darmröhre nicht dargestellt)

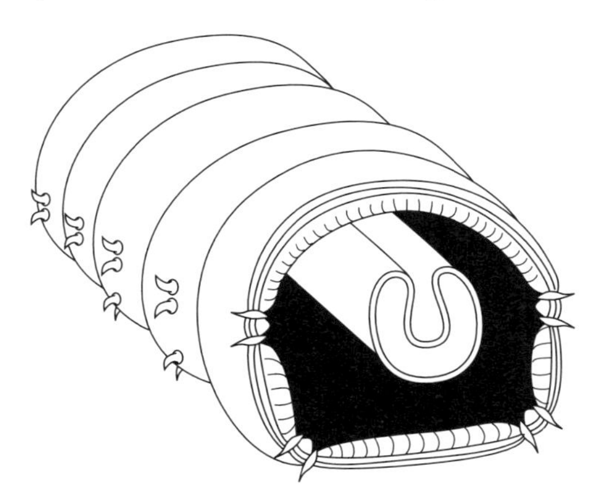

B. Schnecke (dunkel: Körperhöhle und Körperflüssigkeit, innere Organe außer Darmröhre nicht dargestellt)

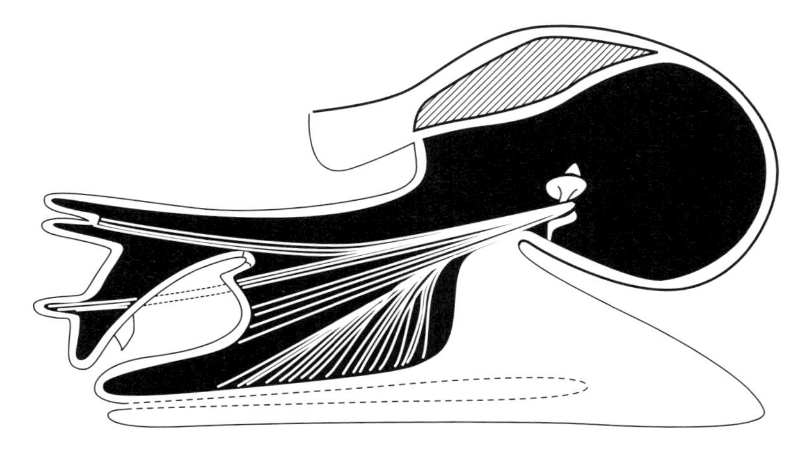

C. „Modellwurm"

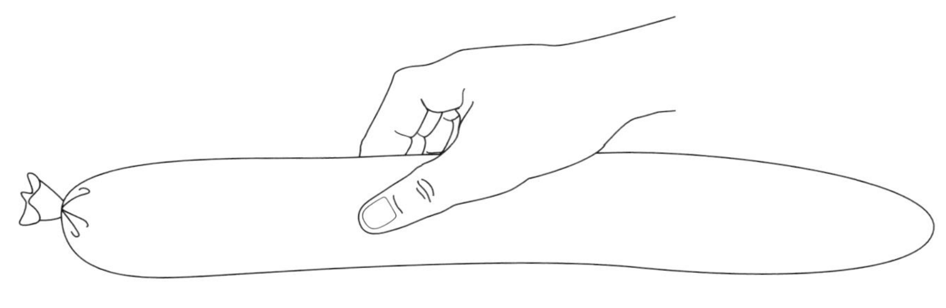

Aufgaben:

1.1 Fertige einen „Modellwurm" nach Abb. C (Luftballon mit Wasser) an!
1.2 Wofür stehen die Teile des Modells: a. Wasser im Ballon, b. Ballonhülle, c. Hand?
1.3 Welche Veränderungen der Körpergestalt eines Regenwurms kannst du damit demonstrieren?
1.4 Was fehlt am Modell, um eine Bewegung demonstrieren zu können?
2. Vergleiche die Körperbewegung von Schnecke und Regenwurm! Notiere Ähnlichkeiten und Unterschiede!
3. Bei Wirbeltieren und Insekten finden die sich zusammenziehenden Muskeln Halt am Außen- oder Innenskelett. Wo befinden sich die „Haltepunkte" der Muskeln beim Regenwurm?

I./M 19	**Körperbau der Schmetterlinge**	**Materialgebundene AUFGABE**

Arbeitsmaterial:

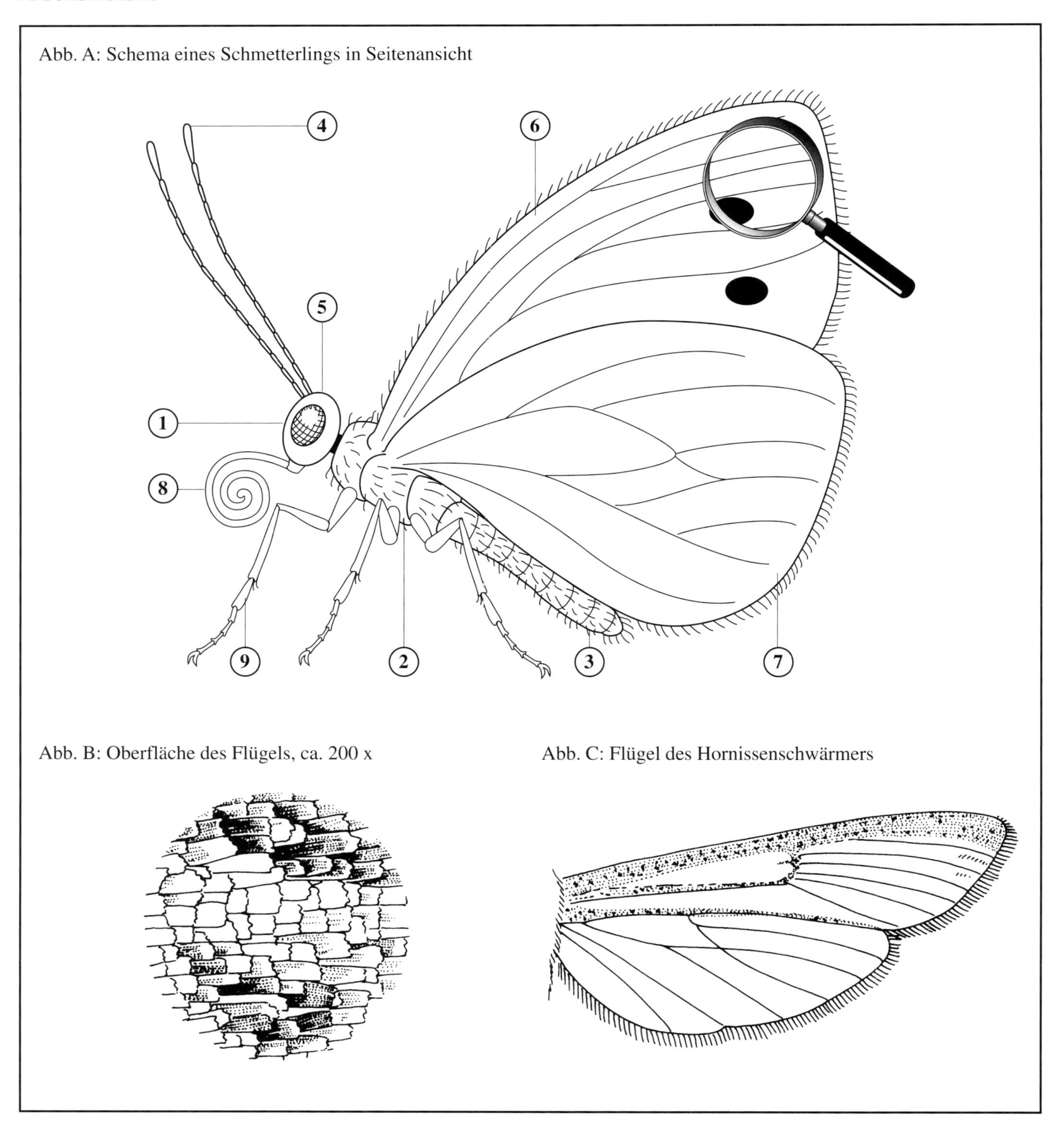

Abb. A: Schema eines Schmetterlings in Seitenansicht

Abb. B: Oberfläche des Flügels, ca. 200 x

Abb. C: Flügel des Hornissenschwärmers

Aufgaben:

1. Ordne den Ziffern die richtigen Begriffe zu!
2. Untersuche einen Schmetterlingsflügel unter dem Mikroskop. Wie unterscheidet sich der Aufbau des Flügels von der Abb. B?
3. Der Hornissenschwärmer *Sesia apiformis* sieht von weitem so aus wie eine etwas zu pelzige Hornisse: Schwarz-gelb quer gestreifter Hinterleib, durchscheinende Hautflügel (vgl. Abb. C). Erläutere, wieso die Flügel des Hornissenschwärmers so aussehen wie die durchsichtigen Flügel der Wespen, Hornissen und Bienen!

I./M 20	Nützliche Tiere im Haus und Garten	Materialgebundene AUFGABE

Arbeitsmaterial:

Tab.: Nützliche Tiere in Haus und Garten

Nr.	Name	Abbildung	Nutzen für den Menschen
1			
2		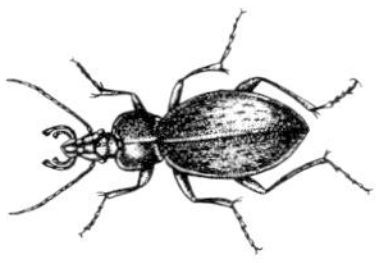	
3		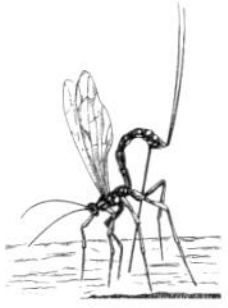	
4		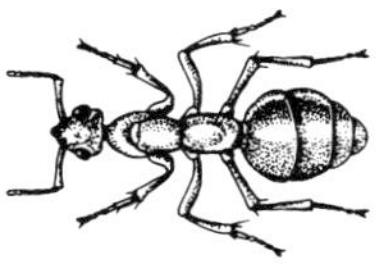	
5			
6			
7		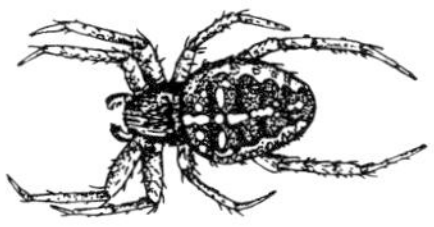	
8		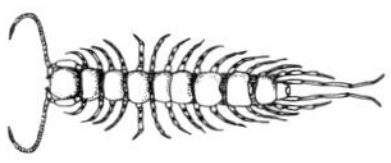	
9		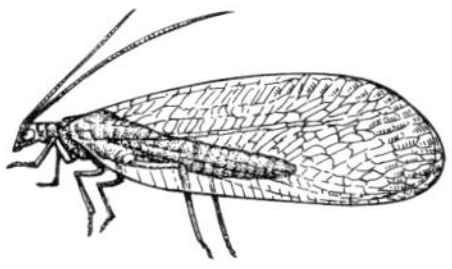	

Aufgaben:

1. Ergänze die Tabelle!
2. Erläutere, wie ein Hausgarten aussehen sollte, um den genannten Tieren dort gute Lebensbedingungen zu schaffen!

I.2.3 Lösungshinweise zu den Aufgaben der Materialien

I./M 1

1.,2. Balken auf dem Dachboden: stark schwankende Temperatur Tag/Nacht und Sommer/Winter, wenig Luftbewegung, halbdunkel bis dunkel, trocken, staubig, Holzoberfläche rau
Raum unter dem Kühlschrank: 20 bis 30 °C, schwache Luftbewegung, halbdunkel bis dunkel, geringe bis mäßige Luftfeuchtigkeit, glatter Fußboden aus Kacheln, Holz oder Plastik, Krümel von Speisen, Staub
Abstellkeller: 10 bis 15° C, halbdunkel, hohe Luftfeuchtigkeit, Wände verputzt oder Beton, Ziegelstein oder Kalksandstein, Fußboden Beton, Kacheln oder Plastik, Staub, Spinnenweben, Flusen, Reste von Erde, ggf. von gelagertem Obst, Kartoffeln o.a. Vorräten.

I./M 2

A 1; B 5; C 7; D 2; E 3; F 6; G 4; H 10; I 9; J 8

I./M 3

1. Der Name rührt von den silbrigen Schuppen und der stromlinienförmigen Gestalt her.
2. Gegenüberstellung:

Merkmal	Silberfisch	Fisch
Lebensraum	Ritzen und Ecken mit hoher Luftfeuchtigkeit	Wasser
Bewegung	Kriechen an festen Oberflächen	Schwimmen, Schweben
Skelett	Außenskelett aus Chitin	Innenskelett aus Knochen
Körperanhänge	3 Paar gegliedert Beine, 3 hint. Anhänge, 2 gegliederte Fühler	Rücken-, Afterflosse, paarige Brust- und Bauchflossen
Aufgabe der Schuppen	Tarnung, Schutz	Tarnung, Schutz
Material der Schuppen	Chitin	Knochen
Verwandtschafts-Gruppe	Insekten	Wirbeltiere

I./M 5

2. Die Kellerassel atmet sowohl durch Tracheenlungen als auch Tracheenkiemen.
3. Typische Krebsmerkmale an der Assel sind: Panzerung, Körpergliederung, gegliederte, 8 Paar sehr ähnlich gebaute Beine.

I./M 6

1. Das nicht polierte und gehobelte Holz sowie die höhere Luftfeuchtigkeit ergeben günstige Ablagemöglichkeiten für die Eier und gute Lebensbedingungen für die schlüpfende Larve.
2. Etwa doppelt so lange, also ungefähr 6 Jahre
3. Durch möglichst geringe Holzfeuchte, Belüftung des Holzes, alle drei bis vier Wochen Oberflächenpflege (Saugen, abbürsten)
4. Der Käfer ist auf die entsprechende Umgebung spezialisiert. Außerhalb des Hauses herrscht großer Konkurrenzdruck durch Holzzerstörer (Pilze, andere Insekten) und Feinde wie Schlupfwespen.

I./M 7

1. a. Gemeine und Deutsche Wespe, da sie auch Süßspeisen und Fleisch fressen, und weil sie in der Nähe oder in Wohngebäuden nisten. Eine Belästigung ist dadurch zu verhindern, dass im Sommer keine Speisen draußen ohne Abdeckung abgestellt und über längere Zeit oder wiederholt verzehrt werden.
2. Wespen sind wegen ihres Verzehrs von Fliegen (Krankheitsüberträger) und anderen Lästlingen und Schadinsekten nützlich.
3. Ernährung, Größe, Nestform, Nestfarbe, Kopfzeichnung

I./M 8

3. 1: Pflanzenstängel im Querschnitt, 2: Saugrüssel der Blattlaus, 3: Facettenauge, 4: Fühler, 5: Bein

I./M 10

1. Körpergliederung des Laufkäfers: Insekt mit 2 Paar Flügeln (Deckflügel über Brust und Hinterleibsabschnitt, darunter Hautflügel), Großer Halsschild zwischen Deckflügel und Kopf, 1 Paar gegliederte Fühler, 3 Paar gegliederte Beine.
2. 1f: Deckflügel, 5a: Oberlippe, 6b: Oberkiefer, 2e: Kopfschild, 3d: Facettenauge, 4c: Fühler.

I./M 11

1. Marienkäferlarve 7a; Apfelwickler 4b; Apfelblattsauger 2c; Weichkäfer 3d; Florfliege 8e; Apfelsägewespe 6f; Grüne Apfelblattlaus 1h.
2. Nützlinge: a, d, e; Schädlinge: b, c, f, g, h.
3. Apfelsägewespe: Hautflügler; Apfelblattsauger: Gleichflügler; Grüne Apfelblattlaus: Gleichflügler; Apfelwickler: Schmetterling; Florfliege: Netzflügler.
4. Die Spinnmilbe gehört zu den Spinnentieren mit 8 Beinen, die übrigen Tiere sind Insekten.

I./M 12

1. Mit Wildkrautstreifen in Obstplantagen erhöht sich die Anzahl der Spinnennetze pro Baum von 2 im August bis auf 6 im November; ohne Wildkrautstreifen erhöht sich die Anzahl von 1 bis 2 Netzen pro Baum nicht.
2. Die Erhöhung der Netze weist auf eine Vermehrung der Spinnen hin. Die Vermehrung ist nur durch eine gute Ernährung möglich. Die Ernährung wird durch die Vermehrung der Blattläuse bestimmt. Gleichzeitig wird durch den Versuch nachgewiesen, dass die Anzahl der Blattläuse auf den Obstbäumen durch Spinnen erheblich reduziert werden kann.
4. Die Befunde sind eine Grundlage für die Empfehlung, in den Obstbaumplantagen Wildkrautstreifen anzulegen, da der Einsatz von Spinne den Schädlingsbefall reduziert. So müssen weniger chemische Bekämpfungsmittel verwendet werden, und der Ertrag ist insgesamt höher.

I./M 13

1. Die verschiedenen Rüssellängen zeigen die Angepasstheit an den Blütenbau verschiedener Blütenpflanzen. Dadurch wird (teilweise) Konkurrenz bei den Hummelarten vermieden.
2. Die Abnahme der Artenvielfalt bei Blütenpflanzen (z.B. durch Stickstoffdüngung von Wiesen) führt zum Verschwinden von Hummelarten. Bei abnehmender Individuendichte bestimmter Pflanzenarten wird auch die Chance verringert, dass die Pflanzen durch die Hummeln bestäubt werden und sich nicht fortpflanzen können. Es setzt eine „positive Rückkopplung“ ein: Je weniger Individuen einer Pflanzenart, desto weniger Hummeln. Je weniger Hummeln, desto weniger Individuen der Pflanzenart pflanzen sich fort.

I./M 14

1. 1: Kopf, 2: Facettenauge, 3: Fühler, 4: Bein I; 5: Rüssel, 6: Bein 2; 7: Fuß, 8: Klaue, 9: Bein III; 10: Stachel, 11: Hinterleibsabschnitt, 12: 2 Paar Hautflügel, 13: Brustabschnitt
2. Nahrungspflanzen: Ackerbohne, Apfel, Bohne, Brombeere, Erbse, Himbeere, Johannisbeere, Kirsche, Raps, Senf, Stachelbeere;
Zierpflanzen: Akelei, Eisenhut, Edelwicke, Glockenblumen, Klatschmohn, Krokus, Lavendel, Leinkraut, Löwenmäulchen, Luzerne, Rittersporn, Rotklee, Schlüsselblumen, Schwertlilie, Wiesensalbei
Heilkräuter: Beinwell, Fingerhut, Lungenkraut, Schlüsselblumen, Schwertlilie, Thymian, Futterpflanzen: Luzerne, Rotklee,
Wildpflanzen ohne direkte menschliche Nutzung: Disteln, Große Braunelle, Hauhechel, Kratzdistel, Springkraut, Weiden
3.Chem. Schädlingsbekämpfungsmittel töten u.U. auch die bestäubenden Nutzinsekten ab. Dadurch kann es zu einer Verarmung der Pflanzenvielfalt kommen.
4. Durch Anbau der in 2 genannten Pflanzen und durch die Anlage von Nistmöglichkeiten gern. Text in I./M 15

I./M 15

A.

Regenwurm	Boden	<>	Gnu	Steppe
Wirbeltier	Innenskelett	<>	Käfer	Außenskelett
Wirbeltier	Knochen	<>	Schmetterling	Chitin
Linsenauge	Mensch	<>	Facettenauge	Krebs
Regenwurm	Hautmuskel-schlauch	<>	Wirbeltier	Skelett-muskulatur
Regenwurm	Erdkröte	<>	Maikäfer	Vogel
Regenwurm	Maulwurf	<>	Laub	Regenwurm

B 1:

Wasser im Ballon:	Körperflüssigkeit
Ballonhülle:	Haut und Muskeln
sich bewegende Hände:	Kontraktion der Muskeln

B 2: Kürzer- und Längerwerden
B 3: Vorwärts- und Rückwärtsbewegung

I./M 16

	1 B		2 S	I	3 L	4 B	E	5 R	6 F	I	7 S	C	H	
8 K	O	E	C	H	E	R		I	9 A	L	T	E	10 R	11 B
12 B	A	C	H	13 S	T	E	14 I	N	L	Ä	U	15 F	E	R
16 O	17 H	R	A	T	T	N	N	D	18 L	19 O	B	I	G	U
20 D	O	21 N	22 B	R	E	N	N	E	S	S	E	L	23 E	S
E	D	E	E	O		24 E	25 K	E	L	T	N	Z	N	T
26 N	E	S	T	H		27 N	U	28 S	S		F		W	
29 E	N	T	E	30 N	31 M	U	S	C	H	E	L	32 F	U	
33 M	34 U	S	E	I	I		S	H			I	A	R	35 F
36 I	R	E	37 D	E	C	38 K	39 F	L	Ü	G	E	L	M	L
40 R	41 A	42 D	A	D	H	A	L	A		O	G	L	43 S	O
44 H	A	A	R	L	45 F	L	U	G		46 T	E	47 I	C	H
48 A	S	T	M	I	A	T	49 S	A	50 T	T		M	H	
S		U		C	U		51 S	E	E		52 O	M	A	N
T		53 M	A	H	L		54 M	E	E	R	55 N	E	R	V

I./M 17

3.1 Die Schnecke reagiert nur auf Tastreize, also wenn die Stimmgabel an die Unterlage gelegt wird. Sie kann nicht hören.
3.2 Die Schnecke zieht die Fühler und Augenstiele ein: Sie kann sehen.
3.3 Die Schnecke reagiert auf chemische Reize bei direktem Kontakt: Sie kann schmecken.

I./M 18

1.2 a: Körperflüssigkeit; b: Hautmuskelschlauch; c: Kontraktion
1.3 Das Kürzer- und Längerwerden, also die Kontraktion des Hautmuskelschlauchs am Hydroskelett
1.4 Es fehlen Borsten oder Widerhaken.
2. Ähnlichkeiten: Fehlen eines festen Skelettelements als Ansatzpunkt für die Bewegung. Unterschiede: Form der Fortbewegung (Regenwurm verhindert mit Borsten am Untergrund das Zurückgleiten nach einer Streckbewegung, Schnecke schiebt sich durch wellenförmige Kontraktionen über den Untergrund.
3. Der Regenwurm benutzt als Widerlager für die Muskelkontraktion die vom Hautmuskelschlauch eingegrenzte Körperflüssigkeit (Hydroskelett).

I./M 19

1. 1: Kopf; 2: Brustabschnitt; 3: Hinterleibsabschnitt; 4: gegliederte Fühler; 5: Facettenauge; 6: Vorderflügel; 7: Hinterflügel; 8: Saugrüssel; 9: Bein
2. Die Form der Schuppen variiert bei Schmetterlingen stark.
3. An den durchsichtigen Stellen des Flügels beim Hornissenschwärmer fehlen die Chitinschuppen. Dadurch wird das Licht nicht reflektiert; die Flügel erscheinen durchsichtig. Das beschriebene Phänomen der Ähnlichkeit, bei der der harmlose Hornissenschwärmer so gezeichnet ist wie eine Hornisse, bezeichnet man als Mimikry.

I./M 20

1. 1: Marienkäfer, Blattlausvertilger; 2: Laufkäfer: vertilgt viele Schädlinge wie Schnecken, aber auch Nützlinge wie Regenwurm; 3: Schlupfwespe: parasitiert auf Blattläusen und anderen Insekten bzw. Insektenlarven; 4: Ameise: verzehrt die Larven vieler Schadinsekten, aber „pflegt" auch Blattläuse; 5: Schmetterlinge: sind schön und können als Indikator für eine vielfältige Pflanzenwelt verstanden werden; 6: Hummeln: dienen der Fortpflanzung der Pflanzen durch Bestäubung; 7: Spinnen: fangen mehr Schadinsekten und Lästlinge als Nutzinsekten und andere Spinnen; 8: Steinläufer: verzehrt – ähnlich wie der Laufkäfer – sowohl Schädlinge wie auch Nützlinge; 9: Florfliege: ihre Larven vertilgen große Mengen von Blattläusen.
2. Der Garten sollte viele verschiedene Pflanzen beinhalten, „ungepflegte" Ecken wie Reisig- und Steinhaufen enthalten, die Versteckmöglichkeiten für Insekten und Kleinsäuger bieten. Der Rasen sollte möglichst nicht gedüngt und nur wenige Male gemäht werden, um neben den Gräsern auch andere Pflanzen hochkommen zu lassen (Weiß- und Rotklee, Habichtskraut, Schafgarbe, Steinnelke, Wegerich und andere Pflanzen der Trittrasengesellschaft).

I.3 Medieninformationen

I.3.1 Audiovisuelle Medien

FWU-Film 32 0697: Der Schwalbenschwanz. Entwicklung eines Schmetterlings. 9 min, f

Annotation: *Entwicklung und Lebensweise der verschiedenen Entwicklungsformen werden dargestellt.*

FWU-Film 36 0282: Steinläufer und Erdläufer. 4,5 min, f.

Annotation: *Lebensraum, Körperbau und Fortbewegung des Steinläufers (Litobius) werden eingangs vorgestellt, danach wird der Fang eines Regenwurms gezeigt. Im zweiten Teil ist ein Erdläufer (Geophilus) zu sehen, wie er eine Enchyträe durch einen Biss lähmt und verzehrt.*

FWU-Film 36 0746: Mundwerkzeuge der Insekten – Entwicklungsstadien bei Schmetterlingen. 5 min, f.

Annotation: *Der Film zeigt, zum Teil in Zeitraffung, bei einigen Schmetterlingsarten die Häutungen zur Puppe bzw. zur Imago. Er vermittelt einen Einblick in die Verschiedenartigkeit der Puppenform bei Schmetterlingen. Die unterschiedliche Ernährungsweise bei Larve und Schmetterling wird in mehreren Aufnahmen deutlich.*

FWU-Film 36 0745: Mundwerkzeuge der Insekten – Wanderheuschrecke und Sandlaufkäfer. 5 min, f.

Annotation: *Der Film demonstriert im Wechsel von Realbild und Trickgraphik Bau und Funktion der Mundwerkzeuge einer Wanderheuschrecke. Das kräftige Zangenpaar des Oberkiefers beim Sandlaufkäfer ist das zweite Beispiel der kauend-beißenden Mundwerkzeuge.*

FWU-Film 36 0744: Mundwerkzeuge der Insekten – Stechmücke. 5 min, f.

Annotation: *Der Film demonstriert im Wechsel von Realbild und Trickgraphik die Ausbildung der Mundwerkzeuge einer Stechmücke zu einem Stechrüssel. Die Funktion des Stechrüssels wird bei einer weiblichen Stechmücke zuerst im Realbild, dann im Folientrick an einem Blockbild der Haut gezeigt. In einem schematisierten Schnitt durch den Mückenkopf wird der Stech- und Saugvorgang dargestellt.*

FWU-Film 36 0743: Mundwerkzeuge der Insekten – Schmetterling und Fliege.

Annotation: *Der Film zeigt im Wechsel von Realbild und Trickgraphik die Ausbildung der Mundwerkzeuge eines Schmetterlings zu einem Saugrüssel. Die Funktion des Saugrüssels wird beim Nektarsaugen an einer aufgeschnittenen Blütenröhre und im Trick an einem Längsschnitt des Kopfes demonstriert. Bei einer Fliege lassen Mikroaufnahmen den stempelförmigen, weichhäutigen Rüssel erkennen. Im Trick sieht man den Weg des Speichels und der Nahrung.*

FWU-Film 36 0742: Mundwerkzeuge der Insekten – Honigbiene. 5 min, f.

Annotation: *Realaufnahme des Saugrüssels einer Biene; im Trick Weg der aufgenommenen Nahrung durch den Rüssel und den Vorderdarm. Die verschiedenen Mundwerkzeuge werden im Trick gezeigt, real sind Oberkiefer, Unterkiefer, die Zunge als Teil der Unterlippe und die Unterlippentaster zu erkennen.*

FWU-Film 32 2984: Die Stubenfliege. 16 min, f.

Annotation: *Der Film zeigt die Stubenfliege als guten Flieger. Dabei wird der Zusammenhang zwischen Flügelstruktur und Funktion der Flügel deutlich herausgestellt. Die Arbeitsweise der Flügel, Schwingkölbchen und der indirekten Flugmuskulatur werden dargestellt. Gezeigt wird auch die Landung und Fortbewegung auf unterschiedlichem Untergrund sowie das verhalten bei der Nahrungsaufnahme. Es erfolgt ein Hinweis auf die Rolle der Fliege als Krankheitsüberträger. Danach werden Fortpflanzung und Entwicklung beschrieben.*

Klett-Film 75182: Kopfläuse. 11 min, f.

Klett-Film 750721: Beutefangmethoden bei Insekten.

Klett-Film 994701: Aus dem Leben der Spinnen

Klett-Film 760360: Bemerkungen über den Schmetterling 57 min, f.

Ein Film von Horst Stern.

FWU-Film 36 0390: Die Weinbergschnecke. 5 min, f.

Annotation: *Das aus der Winterruhe erwachenden Tier kriecht aus der Schale und streckt sich. Aufnahmen der zwei Fühlerpaare, des Fußes. Danach werden die Nahrungsaufnahme in und die Bewegung z.T. in Großaufnahmen gezeigt. Den Abschluss bildet ein Blick auf das .sich bewegende Atemloch.*

FWU-Film 32 2431: Der Regenwurm. 13 min, f.

Annotation: *Im Film werden Lebensweise und Bau des Regenwurms (Lumbricus terrestris) vorgestellt, besonders Fortbewegung, Reizbarkeit, Trockenruhe, Fressfeinde, Fortpflanzung.*

FWU-Film 32 2146: Leben im Boden 16 min, f.

Annotation: *Der Film stellt einige Vertreter der vielfältigen Kleinlebewelt des Bodens vor: Pilze: Pilobolus, Schleimpilze. Exkremente von Enchyträen, Milben, Collembolen. Erdläufer: Geophilus. Fliegenlarven, Tausendfüßer, Asseln, Saftkugler, Springschwänze, Schnecken, Regenwurm.*

FWU-Diareihe 10 2237: Formen des Zusammenlebens bei Insekten. 17 f.

FWU-Diareihe 10 0978: Bestäubung einer Salbeiblüte 5 f.

Annotation: *1. Honigbiene im Anflug; 2. Biene beim Landemanöver; 3. Biene dringt zum Nektar vor; 4. Staubbeutel beim Entladen des Blütenstaubes; 5. Funktion des Schlagbaummechanismus.*

FWU-Diareihe 10 0482: Die Hausspinne. 12 f.

Annotation: *1. Spinne im Netz; 2. Habitus; 3. Kopf mit Augen; 4. Stigma; 5. Spinnwarzen; 6. Fuß mit Klauen; 7. Giftklauen; 8. Spinne mit Beute; 9. Männchen und Weibchen; 10. Spinne mit Kokon; 11. Geöffneter Kokon; 12. Nest mit jungen Spinnen.*

FWU-Diareihe 10 0653: Spinnentiere. Echte Spinnen. 17 f.

Annotation: *1. Netz der Kreuzspinne betaut; 2. Kreuzspinnenpaar im Netz; 3. Baldachinspinne in Häutung; 4. Wiese mit Netzen von Baldachinspinnen; 5. Wolfsspinne mit Kokon; 6. Wolfsspinne mit Jungen; 7. Wasserspinne mit Nest; 8. Listspinne; 9. Streckenspinne in Schutzstellung; 10. Krabbenspinne mit Beute; 12. Bodenspinne mit Beute; 13. Zebraspringspinne; 14 Schwarze Witwe; 15. Kammspinne mit Kokon; 16. Kammspinne; Giftklaue; 17. Vogelspinne mit Maus.*

FWU-Diareihe 10 0566: Ameisen. 16 f.

Annotation: *1. Ameisenbau im Wald; 4. Beschaffung von Baumaterial; 5. Arbeiterinnen; 6. Königin und Männchen; 8. Larvenpflege; 9. Puppentransport; 10. Kopf einer Ameise; 11. Überfall auf eine Heuschrecke; 12. Transport einer Fliege; 13. Zerlegen einer toten Rötelmaus; 14. Melken von Blattläusen; 15. Fühlersprache; 16. Gegenseitige Fütterung.*

FWU-Diareihe 10 1476: Blattläuse. 17 f.

Annotation: *Die Dias geben einen Überblick über den Artenreichtum der Blattläuse. (Gestreifte Walnusszierlaus, schwarz gefleckte Pfirsichblattlaus, Schafgarben- und Erdbeerblattläuse)*

FWU-Diareihe 10 0565: Wespen und Hummeln. 19 f.

Annotation: *1. Deutsche Wespe; 2. Deutsche Wespe, Kopf; 3. Wespenstachel; 4. Deutsche Wespe beim Holznagen; 5. Nest der Waldwespe; 6. Wespe; Brutpflege; 7. Wespe, Larve und Puppe; 8. Hornisse; 9. Feldwespe; 10.Hummel beim Blütenbesuch; 11. Hummel mit Pollenhöschen; 12. Erdhummel, Königin; 13. Hummel, Eier und Puppen; 14. Hummel, Puppen verschiedenen Alters; 15. Sandwespe; 16. Goldwespe; 17. Blattwespe; 18. Riesenholzwespe; 19. Ameisenwespe.*

FWU-Diareihe 10 0481: Die Eichengallwespe. 8 f.

Annotation: *Die Dias geben einen Überblick über die Entwicklung der Eichengallwespe.*

FWU-Diareihe 10 0525: Einheimische Käfer. 16 f.

Annotation: *1. Sandlaufkäfer; 2. Kopf des Sandlaufkäfers; 3. Gekörnter Laufkäfer; 4. Gartenlaufkäfer; 5. Gelbrandkäfer; 6. Hirschkäfer; 7. Mistkäfer; 8. Pinselkäfer; 9. Sägebock; 10. Roter Schmalbock; 11. Blütenböcke; 12. Schnellkäfer; 13. Kiefernaltholzrüssler; 14. Grünrüssler; 15. Marienkäfer; 16. Leuchtkäfer.*

FWU-Diareihe 10 0648: Einheimische Libellen. 12 f.

Annotation: *1. Gebänderte Prachtlibelle; 2. Becher-Azurjungfer; 3. Frey's Schlankjungfer; 4. Frühe Adonislibelle; 5. Torf-Mosaik-Jungfer; 6. Große Königslibelle; 7. Zweigestreifte Quelljungfer; 8. wie 7, Kopf; 9. Vierfleck; 10. und 11. Plattbauch; 12. Gebänderte Heidelibelle*

FWU-Diareihe 10 0509: Der große Kohlweißling. 1 sw, 14 f.

Annotation: *1. Schmetterling neben Puppenhülle; 2. Kopf, Brust und Flügelansatz; 3. Flügelschuppen (Mikroaufnahme); 4. Weibchen an der Blüte; 5. Weibchen bei der Eiablage; 6. Eier an einem Kohlblatt; 7. Jungraupen; 8. fressende Raupen; 9. von Raupen befallenes Kohlfeld; 10. Verpuppung; 11. Puppe; 12. Anstich einer Schlupfwespe; 13. bis 15. Schlüpfen der Schlupfwespe.*

FWU-Diareihe 10 0519: Der Kartoffelkäfer 11 f.

Annotation: *1. Imago; 2. Weibchen bei der Eiablage; 3. Gelege am Kartoffelblatt; 4. geschlüpfte Larven; 5. Larven beim Fraß; 6. ausgewachsenen Larve; 7. Larve vor der Verpuppung; 8. Puppe in der Puppenwiege; 9. Jungkäfer bei der Eiablage; 10. Befall einer Kartoffelstaude; 11. Spritzen eines Ackers*

FWU-Diareihe 10 0649: Paarung und Entwicklung der Libellen. 14 f.

Annotation: *Paarungsrad, Eiablage, Larven und Verhalten bei verschiedenen Libellenarten, schließlich der Schlüpfvorgang aus der letzten Larve beim Zweifleck.*

FWU-Diareihe 10 0552: Schnecken 15 f.

Annotation: *1. Weinbergschnecke, kriechend; 2. Weinbergschnecke beim Fressen; 3. Radula Großaufnahme; 4. Paarung; 5. Eiablage; 6. Weinbergschnecke in Winterruhe; 7. Hainbän-*

derschnecke; 8. Paarung der Hainbänderschnecke; 9. Laubschnecke; 10. Rote Wegschnecke; 11. Egelschnecke mit Schleimspur; 12. Spitzhornschnecke; 13. Posthornschnecke; 14. Sumpfdeckelschnecke; 15. Schneckenlaich.

FWU-Diareihe 10 2059: Blütenbestäubung durch Insekten. 21 f.

Annotation: *1. Saalweide mit Honigbiene; 2. Küchenschelle mit Honigbiene; 3. Korbblütler (Rindsauge) mit Schwebfliege; 4. Sumpfwurz mit Wespe; 5. Fliegenragwurz; 6. Sumpfweidenröschen mit Honigbiene; 7. Rindsauge im UV-Licht; 8. Roter Fingerhut mit Hummel; 9. Silberdistel mit Hummel; 10. Schlüsselblume mit Wollschweber (Fliegenart mit Saugrüssel); 11. Geißfuß mit Moschusbock; 12. Lichtnelke mit Weinschwärmer; 13. Montbretie mit Taubenschwänzchen (Tagschwärmer); 14. Steinröschen mit Aurorafalter; 15. Kriechender Günsel mit Aurorafalter; 16. Flockenblume mit Gr. Perlmutterfalter; 17. Skabiose mit Widderchen; 18. Frauenschuh (Habitus); 19. Frauenschuh (Längsschnitt); 20 Aronstab (Habitus); 21. Aronstab (Längsschnitt mit Käfern).*

1.3.2 Zeitschriften

Beier, W.: Aus dem Leben der Hornissen. Unterricht Biologie, 1992, Heft 174, S. 31-35.

Kurzfassung: *Ausgehend vom Problem der Verdrängung der Hornissen aus ihrem ursprünglichen Lebensraum hinzu menschlichen Behausungen werden die Bedürfnisse der Hornissen den Ängsten der Menschen gegenübergestellt und diese durch angemessene Information und Bearbeitung des Themas reduziert, um zu einem vernünftigen Umgang mit diesen geschützten Tieren kommen zu können.*

Becker, R.: Der Kleinst-Apfelbaumgarten. Unterricht Biologie, 1979, Heft 36/37, S. 19-25.

Kurzfassung: *Die Einrichtung und Pflege einer Apfelbaumpflanzung wird vorgestellt. In einer Tabelle werden Beobachtungen und Versuche im Ablauf eines Jahres vorgeschlagen. Dabei wird insbesondere auf Schädlinge und Nützlinge auf dem Apfelbaum eingegangen.*

Bellmann, Heiko: Bienen in Schneckenhäusern. Biologie in unserer Zeit 1997 (27), Nr. 2, S. 106-113.

Kurzfassung: *Drei Mauerbienen, die ihre Nester in leeren Schneckenhäusern bauen, werden umfassend beschrieben. Die Verhaltensbeschreibungen, führen zu einer Hypothese der verwandtschaftlichen Beziehungen der drei Formen, die den bisherigen Befunden widerspricht.*

Anmerkung: *Besonders die Abbildungen sind für eine Ergänzung des Unterrichts geeignet.*

Bogner, F.: Da ist der Wurm drin! Unterricht Biologie, 1993, Heft 187, S. 20-24.

Kurzfassung: Verschiedene Käferlarven („Holzwürmer") werden vorgestellt. Maßnahmen zur Bekämpfung werden vorgeschlagen.

Brauner, K.: Tierspuren unter der Rinde. Unterricht Biologie, 1989, Heft 150, S. 48-49.

Kurzfassung: *Auf einer Bestimmungstafel werden – differenziert nach Larven- und Muttergangsystemen – die verbreitetsten Tierspuren von Holz lebenden Insektenlarven gezeigt.*

Drünkler, A., Heinrich, B. u. Moll, M.: Probleme der Schädlingsbekämpfung im Apfelanbau. Unterricht Biologie, 1978, Heft 28, S. 31-38.

Kurzfassung: *Die Biologie der häufigsten wirbellosen Schädlinge im Apfelbaum wird vorgestellt. Verschiedene Möglichkeiten der Bekämpfung werden diskutiert. Auf zwei Arbeitsblättern wird der Lebenszyklus einiger Schädlinge thematisiert.*

Erpenbeck, A. u. Erpenbeck, E.: Bienen und Wespen bauen. Unterricht Biologie, 1983, Heft 87, S. 37-43.

Kurzfassung: *Im Unterrichtsvorschlag wird der Blick der SuS auf die Nester von Bienen und wild lebenden Wespen gelenkt; Die SuS lernen die morphologischen Anpassungen kennen, die Bienen und Wespen zum Bau ihrer Nester befähigen.*

Hallmen, M.: Hummeln erkennen leicht gemacht. Unterricht Biologie, 1992, Heft 174, S. 19-21.

Kurzfassung: *Acht Hummelarten und ihre Nahrungspflanzen werden vorgestellt, dazu wird ein einfacher Bestimmungsschlüssel angeboten.*

Holtappels, E.: Wespen – eine (be)stechende Insektengruppe. Unterricht Biologie, 1992, Heft 174, S. 22-26.

Kurzfassung: *Projektorientierter Unterrichtsvorschlag mit dem Ziel einer differenzierten Beurteilung der verschiedenen Wespen und Hornissen bei den Schülerinnen und Schülern sowie Außenstehenden.*

Janssen, W.: Lebensraum Haus und Schule. Basisartikel von Unterricht Biologie, 1996, Heft 214, S. 4- 13.

Kurzfassung: *Der Autor beschreibt die vielfältigen Lebensformen wirbelloser Tiere und von Wirbeltieren im direkten Umfeld des Menschen sowie ihre Herkunft. Es werden mediterrane Arten beschrieben, Fels- und Höhlenbewohner werden vorgestellt. In einer Übersicht werden mögliche Förderungsmaßnahmen für Tiere im Dachbereich beschrieben. Literaturhinweise runden den Artikel ab.*

Jungbauer, W.: Schmetterlinge. Praxis der Naturwissenschaften/Biologie, 1997, Heft 2/46.

Kurzfassung: *Das Themenheft enthält folgende Beiträge verschiedener Autoren: a. Wandernde Schmetterlinge, b. Zucht von Schmetterlingen in der Schule, c. Der Sommerflieder, d. Schmetterlings-Wirtshaus: Der Wasserdost, e. „Schmetterling" als Thema von Klausuraufgaben, f. Zwei Arbeitsblätter „Schmetterlinge" und zwei Rätsel zum Thema „Insekten".*

Märtens, H. u. Schneider, D.: Pflanzengallen sind Tierspuren. Unterricht Biologie 1989, Heft 150, S. 42-44.

Kurzfassung: *Gallwespen und Gallen werden in ihrer Biologie vorgestellt (Wachstum und Ausdifferenzierung der Galle, Generationswechsel der Gallwespen). Ein Unterrichtsvorschlag für die Sekundarstufe II.*

Sandrock, F.: Hummeln und Wespen. Unterricht Biologie, 1992, Heft 174, Friedrich Verlag.

Kurzfassung: *Im Basisartikel werden sowohl allgemeine Hinweise zur Biologie der Hummeln und Wespen wie auch Vorschläge zur Bearbeitung des Themas im Unterricht und zur Ansiedlung von Hymenopteren im Schulgelände oder in Brutkästen gemacht.*

Schmidt, G. u. Krause, R.H.: „Haus"Spinnen. Unterricht Biologie, 1996, Heft 214, S. 32-38.

Kurzfassung: Die häufigsten Spinnen im und am Haus werden vorgestellt und nach Netz- und Jagdspinne geordnet. Durch Beobachtungen im Terrarium an einzelnen Spinnen können sich die SuS über verschiedene Jagdstrategien und den Beutefang von Spinnen informieren.

Wyss, E.: Spinnen sind effiziente Blattlausräuber. Ökologie & Landbau, 1997, Heft 1, S. 46.

Anmerkung: *In einem kurzen Bericht wird über die Experimente zur Effektivität von Spinnen als Blattlausräuber berichtet.*

1.3.3 Bücher

Bellmann, H.: Der neue Kosmos-Insektenführer. Kosmos Stuttgart 1999.

Anmerkung: *Eine Bestimmungshilfe mit Fotos; zusätzlich werden die wichtigsten Spinnentiere gezeigt.*

Berenbaum, M. R.: Blutsauger, Staatsgründer, Seidenfabrikanten. Spektrum Akademischer Verlag Heidelberg 1997.

Anmerkung: *Sehr ausführlich werden die Insekten und ihre Biologie sowie ihre Bedeutung für den Menschen vorgestellt. Das Buch enthält eine Fülle wertvoller Anregungen für den Unterricht, allerdings fast keine Abbildungen.*

Chinery, M.: Insekten Mitteleuropas. Paul Parey, Hamburg und Berlin 1976.

Anmerkung: *Eine umfassende Bestimmungshilfe für eine relativ genaue Bestimmung der bei uns vorkommenden Insekten.*

Krieg, A. u. Franz, J. M.: Lehrbuch der biologischen Schädlingsbekämpfung. Paul Parey Berlin 1989.

Anmerkung: *Klassisches Nachschlage- und Lehrbuch zum Thema. Die Qualität der Abbildungen ist allerdings verbesserungsbedürftig, da nur Schwarz-Weiß-Abbildungen (Fotos und Zeichnungen) vorhanden sind.*

O'Toole, C.: Alien Empire. Knesebeck Verlag München 1995.

Anmerkung: *Die Welt der Insekten wird mit sehr schönen und großen Farbfotos nachfolgenden Themen geordnet vorgestellt: Sinne, Bewegung, Ernährung, Verteidigung, Fortpflanzung, Leben in der Gemeinschaft, Beziehungen Insekt–Mensch.*

Phillips, R. u. Carter, D.: Kosmos-Atlas der Schmetterlinge. Kosmos Stuttgart 1991.

Anmerkung: *Ein prächtiger, ästhetisch sehr ansprechender und umfassender Bildband über die mitteleuropäischen Schmetterlinge.*

Stary, B.: Atlas nützlicher Forstinsekten. Deutscher Landwirtschaftsverlag Berlin 1990.

Anmerkung: *In ausführlichen Texten und großformatigen Zeichnungen werden die in Mitteleuropa anzutreffenden Nützlinge für den Forstbereich vorgestellt. Ein Nachschlage- und Informationsbuch für eine vertiefende Behandlung oder für die Auswahl von Referaten.*

Sauer, F. u. Wunderlich, J.: Die schönsten Spinnen Europas. Deutsche Lichtbild, Heidelberg 1982.

Anmerkung: *Ein Bestimmungsbuch der heimischen Spinnen nach Farbfotos.*

Stern, H.: Leben am seidenen Faden. Kindler München 1981.

Anmerkung: *Der bekannte Wissenschaftsjournalist beschreibt spannend und umfassend sowohl die Biologie der Spinnen wie auch das Verhältnis zwischen Spinne und Mensch. Es handelt sich um die Buchfassung des mehrteiligen Fernsehfilms „Leben am seidenen Faden“ und ist mit schönen Farbfotos ausgestattet.*

Stern, H.: Bemerkungen über Bienen. Rowohlt, Reinbek bei Hamburg 1974.

Zahradnik, J.: Der Kosmos Insektenführer. Kosmos, Stuttgart 1980.

Anmerkung: *Eine Bestimmungshilfe für Schüler und Lehrer. Eine genaue Bestimmung bis auf die Ebene der Gattung oder Art ist allerdings damit nicht immer möglich.*

Zahradnik, J.: Insekten. Natur Verlag Augsburg 1991.

Anmerkung: Ein schöner Bildband, der die Insekten Europas systematisch und mit ausgezeichneten Fotos vorstellt. Nicht zum Bestimmen im Gelände geeignet.

II. Unterrichtseinheit (UE): Wirbellose erobern neue Lebensräume in Teich und Bach

Lernvoraussetzungen:

Inhalte: Bau und Lebensweise von Wirbeltieren. Kenntnis der Wirbeltierklassen. Bewegung und Gasaustausch bei Wirbeltieren

Methoden: Beobachten über einen längeren Zeitraum (5 bis 20 Minuten). Beobachtungen in Text und Bild beschreiben. Mit Lupe bzw. Binokular umgehen. In Gruppen arbeiten.

Gliederung:

Die Pfeile geben die hier vorgeschlagene Unterrichtssequenz inhaltlicher Schwerpunkte an. Diese Sequenz sollte eingehalten werden, da die inhaltlichen Schwerpunkte folgerichtig aufeinander aufbauen.

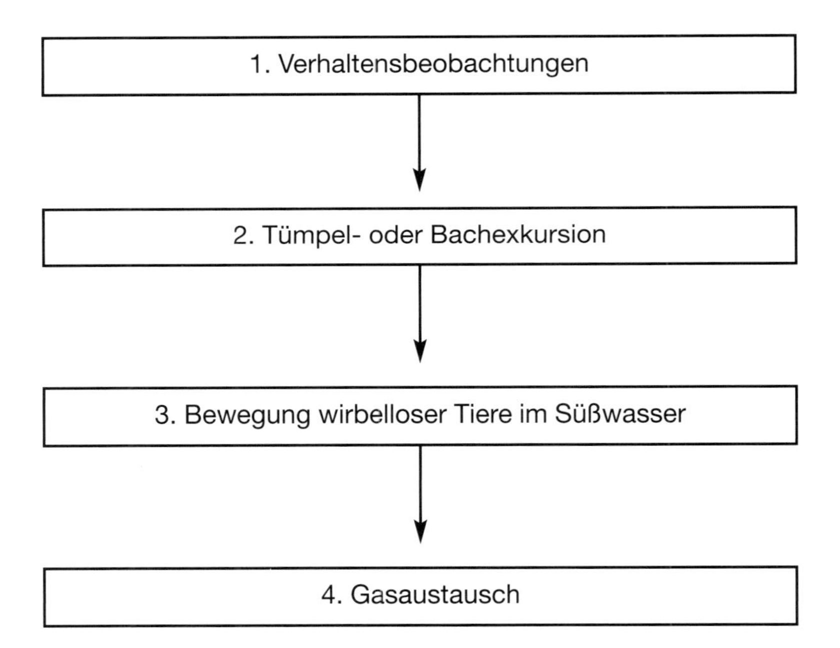

Zeitplan:

- Vorbereitung der Exkursion 3 bis 6 Std.
- Durchführung der vorbereiteten Exkursion 120 – 180 Min.
- ggf. Herstellung von Fanggeräten 45 – 90 Min.
- Beschaffung von Tieren je nach örtl. Verhältnissen
- Zeitbedarf für die Unterrichtseinheit ca. 12 – 14 Std.

II.1 Sachinformationen:

Aquatische Ökosysteme des Süßwassers sind Pfützen, Tümpel, Seen als stehende, Bäche und Flüsse als strömende Gewässer. Die Fließgeschwindigkeit, Wassertemperatur und der Sauerstoffgehalt sind die wesentlichen Faktoren, die das Leben der Wirbellosen in den Gewässern bestimmen. Diese Faktoren wirken im Laufe des Jahres unterschiedlich auf die Wirbellosen ein. Weitere natürliche Faktoren wie Schwebstoffgehalt, Ionen- und Lichtverhältnisse, Beschaffenheit des Untergrundes u.a. werden von den o.g. Faktoren stark beeinflusst.
Die vom Menschen verursachten Veränderungen bzw. Störungen der Gewässer beeinflussen die Gestalt des Lebensraums wie auch der dort anzutreffenden Lebensgemeinschaften erheblich. Aufgrund der Reaktion der Lebensgemeinschaften auf Störungen lassen sich Ausmaß und Art der Störungen mit einfachen Mitteln erkennen (Bioindikation).
Ohne Lebensraum kann ein Lebewesen nicht vollständig beschrieben werden. Ein Lebensraum (Biotop) mit seinen spezifischen Ökofaktoren gibt Hinweise auf den Bau und die Funktion der dort anzutreffenden Tiere. Wesentliche Eigenschaften der Tiere, z.B. die Art der Fortbewegung oder bestimmte Formen des Stoffaustauschs, sind allein durch die Feststellung von Eigenschaften des Biotops erschließbar. Die Beschreibung der ökologischen Nische eines Tieres ist wesentlich für das Verständnis des Tieres.
Spezifische Eigenschaften bzw. Funktionen der Wirbellosen (z.B. Gasaustausch, Fortbewegung, Größe) sind Ergebnisse eines Anpassungsprozesses an den aquatischen Lebensraum.

Angepasstheit

ist das Ergebnis eines Optimierungsprozesses. Dieser Prozess wird durch Eigenschaften bzw. Funktionen des betr. Lebewesens (genauer: des lebenden Systems) wie auch seiner jeweiligen Umgebung beeinflusst. Entscheidende Faktoren sind auf der Seite der Lebewesen die Fähigkeit zur Veränderung auf der individuellen Ebene (Verhaltensänderungen, unterschiedliche Realisierung der genetischen Reaktionsnorm) wie auf der Ebene der Generationenfolge (Weitergabe von neukombinierter genetischer Information / Sexualität und von Mutationen im Rahmen der Fortpflanzung). Die so veränderten Organismen werden den verschiedensten Umwelteinflüssen ausgesetzt und pflanzen sich unterschiedlich erfolgreich fort. Die Definition „Erfolg“ ist komplex und kann nur eingeschränkt als Mittel zur Vorhersage der weiteren Entwicklung der jeweiligen Tiergruppe (Population) verwendet werden. Insofern ist „Angepasstheit“ bei Lebewesen das Ergebnis eines historischen, nicht wiederholbaren Prozesses.

Biotop

Der Biotop ist der Raum, in dem ein Organismus zusammen mit anderen lebt. Der Biotop wird durch abiotische Faktoren (Licht, Temperatur, Feuchtigkeit etc.) in seinen Eigenschaften bestimmt. Er ist somit Teil der besonderen Lebensgrundlagen seiner Bewohner.

Biozönose

Alle Lebewesen, die in einem Biotop leben, gehören zu einer Lebensgemeinschaft. Sie lässt sich nach der ökologischen Hauptfunktion ihrer Mitglieder unterteilen in Produzenten (grüne Pflanzen und bestimmte Bakterien, die Photosynthese bzw. Chemosynthese treiben), die Konsumenten (Pflanzenfresser, Fleischfresser und Parasiten) sowie die Destruenten (Aasfresser, Bodentiere, Pilze, Bakterien).

Egel (Hirudineae)

In Gebieten mit hoher Luftfeuchtigkeit (Tropen) und im Wasser lebende Ringelwürmer, räuberisch oder parasitär. Mund als Saugorgan ausgebildet und z.T. mit drei kreissägeförmigen Kiefern bewehrt. Am hinteren Körperende befindet sich eine Haftscheibe. Typische Schwimmbewegung (vertikal schlängelnd) sowie spannerartige Kriechbewegung.

Fließgeschwindigkeit

Die Fließgeschwindigkeit des Wassers ist von großer Bedeutung für die räumliche Gestaltung des Biotops, den Sauerstoffgehalt, die Temperatur und den Schwebstoffgehalt. Die Dynamik der durch unterschiedliche Fließgeschwindigkeiten hervorgerufenen Veränderungen wird besonders deutlich bei der Beeinflussung des Sauerstoffgehalts. Insektenlarven reagieren z.B. sehr empfindlich auf die unterschiedlichen Fließgeschwindigkeiten in Kombination mit unterschiedlicher Temperatur und Sauerstoffgehalt (vgl. Abb.).

a)

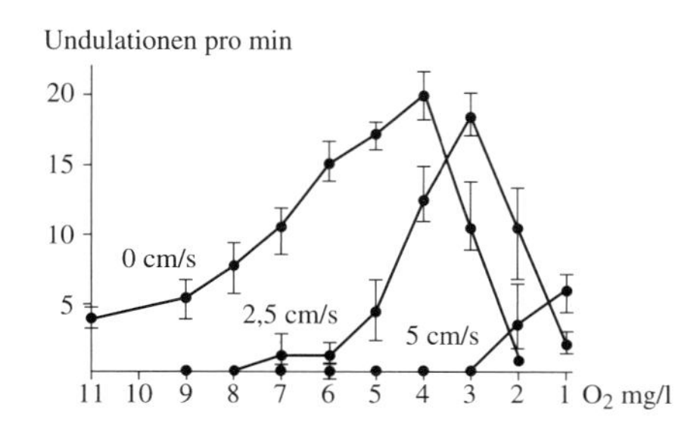

b)

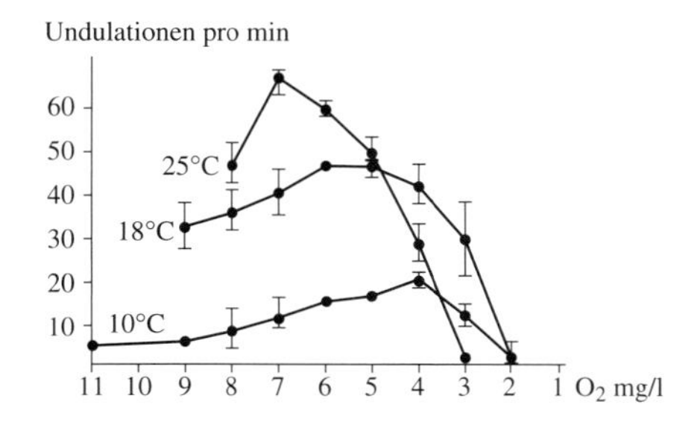

Atembewegungen des Abdomens der Trichopterenlarve *Hydropsyche* bei unterschiedlicher Fließgeschwindigkeit des Wassers (a) und unterschiedlicher Wassertemperatur (b) (Aus Streit, Ökologie).

Gliederfüßer (Arthropoda)

Wirbellose Tiere mit einem Außenskelett aus Protein und Chitin, zusätzlich mit Kalkeiweißverbindungen (z.B. Krebse), mehr oder weniger deutlich in Segmente gegliedert, Extremitäten (Fühler, Antennen, Mundwerkzeuge, Beine u.a. Körperanhänge) gegliedert. Strickleiternervensystem. Insgesamt ca. 900.000 Arten mit den drei großen Gruppen Spinnenartige, Krebse, Insekten einschl. Tausendfüßer.

Gliedertiere (Articulata)

Alle wirbellosen Tiere mit einem in Segmente (gleichartige Körperabschnitte) gegliederten Körper ohne Innenskelett, mit Hautmuskelschlauch oder Außenskelett. Zu ihnen gehören die Anneliden (Ringelwürmer) und Arthropoden mit zusammen über 1.000.000 Arten.

Insekten

Größte Gruppe der Arthropoden. Kennzeichnende Merkmale sind die scharfe Trennung in Kopf-, Brust- und Hinterleibsabschnitt. Je ein Beinpaar an jedem der drei Brustsegmente. Ursprüngliche Insekten sind ungeflügelt (z.B. Silberfisch), weiterentwickelte Insekten am 2. und 3. Brustsegment geflügelt (z.B. Käfer, Schmetterlinge, Wespen und Bienen), andere haben das 3. Flügelpaar zu Halteren (Schwingkölbchen zur Flugstabilisierung bei Fliegen) umgebildet. Das Insektenbein ist in Hüfte (Coxa), Schenkelring (Trochanter), Oberschenkel (Femur), Unterschenkel (Tibia) und einen Fuß (Tarsus) mit 1-5 Endgliedern sowie Endklauen oder Haftvorrichtungen gegliedert. Die Ontogenese (Individualentwicklung) verläuft holometabol (Ei – Larve (Raupe) – Puppe – Imago) oder hemimetabol (Ei – verschieden ähnlich gestaltete bzw. unterschiedlich große Larven – Imago). Zu den hemimetabolen Insekten gehören z.B. die Eintagsfliegen, Libellen, Steinfliegen, Rückenschwimmer und Wasserskorpion; zu den holometabolen z.B. Gelbrandkäfer und Stechmücken.

Nematoden (Fadenwürmer)

Frei lebende oder parasitische Würmer mit nicht in Segmenten gegliedertem Körper. Frei lebend im Boden oder am Grunde von Gewässern, parasitisch in vielen Pflanzen und Tieren. Nematoden gehören als Hauptgruppe zum Stamm der Rundwürmer (Nemathelminten) mit ca. 12.500 Arten.

Ökologische Nische

Funktion eines Organismus im komplexen Netzwerk der Wechselbeziehungen innerhalb eines Ökosystems. Der Begriff ist keinesfalls räumlich aufzufassen, sondern stellt vielmehr den „Beruf“ eines Lebewesens dar.

Osmoregulation

Wasserlebende Organismen regulieren ihren Wasser- und Ionenhaushalt in Abhängigkeit von inneren und äußeren Bedingungen. Für die Aufrechterhaltung der Stoffwechselprozesse in einer Zelle ist eine bestimmte Ionenkonzentration notwendig, da sonst u.a. die Funktion von Eiweißen (Enzyme und Eiweißmoleküle in den Membranen der Zelle) gestört wird. Da der „Salzgehalt“ eines Tieres ca. 100-mal höher ist als der Salzgehalt des ihn umgebenden Süßwassers und die Körpergrenze des Tieres wasserdurchlässig ist, würde ohne eine Regulation das Tier bzw. seine Zellen platzen, denn der höhere Salzgehalt im Inneren des Tieres führt automatisch zu einer Wasseraufnahme. Gleichzeitig verliert das Tier durch seine Körperoberfläche laufend Ionen. Das Tier muss daher laufend Wasser ausscheiden und aktiv (d.h. unter Energieaufwand) Ionen aus der Umgebung aufnehmen (osmotische Hyperregulation).

Ringelwürmer (Annelida)

Gliedertiere mit einem Hautmuskelschlauch, ohne gegliederte Extremitäten. Bei ursprünglichen Formen ist jedes Segment mit Ganglien, Nephridien (Ausscheidungsorganen), Gonaden, Ringgefäß des Blutgefäßsystems, bei Polychaeten (Vielborstern) auch mit zweilappigen Parapodien (Körperanhängen zur Fortbewegung) ausgerüstet. Zu den im Süßwasser lebenden Anneliden gehören der „Wenigborster"(Oligochaet) Tubifex (Schlammröhrenwurm) sowie die Gruppe der Blutegel (Hirudineae). Bekanntester Ringelwurm ist der zu den Oligochaeten gehörende Regenwurm.

Rotatoria (Rädertierchen)

Sehr kleine (0,04 – 0,5mm) Vielzeller. Freischwimmende Strudler mit Wimperkränzen. Sie bilden zusammen mit den Nematoden (Rundwürmern) und vier anderen systematischen Gruppen den Stamm der Nemathelminten (Schlauchwürmer). Rotatorien findet man häufig in der Uferzone von Süßgewässern.

Sauerstoffbedarf

Der Sauerstoffbedarf der im Süßwasser lebenden Tiere ist abhängig von der Größe, dem Körpergewicht, dem Entwicklungszustand, den Aktivitäten des Tieres und der zur Verfügung stehenden Sauerstoffkonzentration des Wassers und daher sehr unterschiedlich. Außerdem vermag eine Reihe von Tieren den jeweiligen Sauerstoffverbrauch in Abhängigkeit von der zur Verfügung stehenden Sauerstoffmenge (innerhalb bestimmter Grenzen) zu regulieren. Beispiele für den Sauerstoffverbrauch von Wirbellosen im Süßwasser in g/h/kg Körpergewicht: Paramecium 0,7; Muscheln 0,02 – 0,03; Schnecken 0,01 – 0,1; Ringelwürmer 0,03 – 0,7; Krebse 0,04 – 0,28; zum Vergleich: Karpfen 0,08 – 0.3; Hecht 0,5: Frosch 0,03 – 0,63.

Sauerstoffgehalt

Die Löslichkeit von Sauerstoff im Wasser ist wie bei allen Gasen abhängig vom Druck und der Temperatur. Unter normalen Druckverhältnissen (1 Atm = ca. 1000 hpa) ergeben sich für reinen Sauerstoff in Wasser etwa folgende Werte:

ml O_2 in 1l H_2O:	48,9	38,0	31,0	26,1	23,1	22,0	17,0
Temperatur (°C):	0	10	20	30	40	50	100

Weiterhin ist die Menge des vom Wasser aufnehmbaren Sauerstoffs abhängig vom Gehalt an anderen gelösten Stoffen. Insgesamt gilt: Je höher der Druck und je niedriger die Temperatur sowie der Gehalt an gelöster Substanz, desto höher die Löslichkeit von Sauerstoff. Das maximale Volumen Gas (in ml), welches in 1ml Lösungsmittel gelöst werden kann, bezeichnet man als den Absorptionskoeffizienten des Gases für dieses Lösungsmittel (immer bei 0 °C und 1 Atm.). Da die normale Luft nur zu 21 % aus Sauerstoff besteht, werden im Wasser nur 21 % der bei der entsprechenden Temperatur maximal möglichen Sauerstoffmenge gelöst. Zusätzlich muss noch der Wasserdampfdruck (in Abhängigkeit von der Temperatur) berücksichtigt werden. So löst 1l Wasser nur 6.36 ml Sauerstoff bei 1 Atm Druck und 20 °C sowie einem Sauerstoffanteil der Luft von 21 % (vgl. Übersicht):
Löslichkeit von Sauerstoff im Süßwasser unter Normaldruck bei verschiedenen Temperaturen.
Der Salzgehalt wird vernachlässigt.

Temperatur (°C):	0	10	20	30	40	60
ml O_2/l H_2O:	10,2	7,9	6,4	5,4	4,5	3,2

Der Sauerstoffgehalt im Salzwasser schwankt zwischen 0 und 8.5 ml/l Wasser, normalerweise jedoch zwischen 0 und 6ml/l. Hohe Konzentrationen herrschen im Allgemeinen an der Oberfläche, in großen Tiefen herrscht oft wegen der Strömungsverhältnisse und der Dunkelheit (keine Photosynthese) Sauerstofflosigkeit.

Weichtiere (Mollusken)

Zweitgrößter Tierstamm mit ca. 130.000 Arten. Massiger Körper mit Kopffuß, Mantel und, darin eingebettet, Eingeweidesack. Bei den Kopffüßern (Cephalopoden) teilt sich der Fuß in 8 oder 10 Arme. Die ursprünglichen Weichtiere besaßen alle eine Schale, die bei einigen Formen (z. B. verschiedene Schnecken) im Laufe ihrer Stammesentwicklung zurückgebildet wurde. Im Süßwasser sind nur Schnecken und Muscheln zu finden. Die Schnecken sind Pflanzen-, Aas- oder Detritusfresser, die Muscheln strudeln Kleinstlebewesen und Detritus ein. Die ökologische Funktion der Muscheln als Filtrierer wird häufig unterschätzt. Eine Muschel kann in einer Stunde bis zu 42 Liter Wasser filtrieren. Bei Schnecken wie auch Muscheln gibt es zwei- und getrenntgeschlechtliche Arten. Die Larvalentwicklung der Mollusken zeigt eine enge Verwandtschaft dieser Gruppe zu den Anneliden.

II.2 Informationen zur Unterrichtspraxis

II.2.1 Einstiegsmöglichkeiten

<table>
<tr><th>Einstiegsmöglichkeiten</th><th>Medien</th></tr>
<tr><td colspan="2">A. Verhaltensbeobachtungen an wirbellosen Tieren</td></tr>
<tr><td>■ L gibt an verschiedene Schülergruppen in 2 Petrischalen jeweils mehrere Exemplare einer land- bzw. wasserlebenden Art eines wirbellosen Tiers aus.

■ Ersatzweise: Vorführung von z.B. FWU 30 0453.
1. Vorführung ohne Auftrag,
2. Vorführung mit bestimmten Beobachtungsaufträgen.
Schülerinnen und Schüler beobachten zunächst ohne Auftrag in arbeitsteiliger Gruppenarbeit die Tiere.
▶ Problemfrage: Welche Eigenschaften müssen Tiere haben, um auf oder im Wasser leben zu können?</td><td>■ Petrischalen
wasserlebend: z.B. Köcherfliegenlarven, Schlammschnecken, Bachflohkrebse, Libellenlarven, Wasserwanzen

■ Ersatzweise Film, z.B. FWU 30 0453
Kleintierleben im Tümpel
landlebend: z.B. Hundertfüßer, Fliege, Wespe, Käfer, Wanze</td></tr>
<tr><td colspan="2">B.</td></tr>
<tr><td colspan="2">Hinweis: Dieser Einstieg eignet sich für Lerngruppen, die weder auf dem Schulgelände noch in näherer Umgebung Beobachtungen an einem Kleingewässer machen können.</td></tr>
<tr><td>■ Lehrervortrag zur Einstimmung der SuS auf den Text
L gibt Material II./M 1 aus.

■ SuS bearbeiten den Text.

▶ Problemfrage: Welche Eigenschaften muss ein Tier haben, um unter Wasser leben zu können?</td><td>■ Material II./ M1 (Materialgebundene Aufgabe): „Beobachtungen unter Wasser“, „Kriechende Krümelpäckchen“

■ Arbeitstransparent 3</td></tr>
<tr><td colspan="2">C.</td></tr>
<tr><td>■ L. projiziert Dia bzw. zeigt Filmausschnitt oder Abbildung einer Wasserspinne (Argyroneta) an einer Luftglocke.

■ SuS beschreiben die Abbildung.

■ L. fordert zum Vergleich von Land- und Wasserspinne auf.

▶ Problemfrage: Welche Eigenschaften muss ein Tier wie z.B. eine Spinne haben, um unter Wasser leben zu können?</td><td>■ Abb. aus Kullmann / Stern: Leben am seidenen Faden. Bertelsmann, München 1975.
Es handelt sich um das Begleitbuch zu einer mehrteiligen Fernsehfilmserie, die inzwischen auch im Handel als Video erhältlich ist.

■ FWU Diaserie 10 0635: Echte Spinnen

■ Material II./M 2 (Materialgebundene Aufgabe): „Spinnen an Land und unter Wasser“

■ Arbeitstransparent 3</td></tr>
</table>

II.2.2 Erarbeitungsmöglichkeiten

Erarbeitungsschritte	Medien
A./B./C. 1. Verhaltensbeobachtungen: Wirbellose Tiere nutzen die Eigenschaften von Wasser	
■ L fordert SuS zur Beobachtung auf. ■ SuS notieren Körperform, Körperlage auf dem Wasser, beschreiben die Fortbewegung des Tiers.	■ Wasserläufer, Aquarium mit Glasabdeckung, zu 1/3 mit Wasser gefüllt **Hinweis:** *Die Wasserläufer können bis zu 10 cm hoch springen und auch fliegen. Ein Kescher sollte bereit liegen, um die Tiere ggf. wieder einfangen zu können.*
■ Unterrichtsgespräch: Weshalb gehen die Tiere nicht unter?	■ Tafel ■ Material II./M 3 (Materialgebundene Aufgabe): "Wasserläufer bewegen sich auf der Wasseroberfläche“
■ L-Impuls: Die Wasserläufer gehören zur Insektengruppe der Wanzen. ■ Unterrichtsgespräch: Vorkommen von Wanzen	
■ SuS bearbeiten Arbeitsblatt zum Vergleich von Wanzen in Lebensräumen an und auf dem Wasser.	■ Material II./M 4 (Materialgebundene Aufgabe): „Vom Land aufs Wasser“ Vergleich von 4 Wanzenarten
■ L-Impuls: Es gibt auch Wanzen, die sich von unten an die Wasseroberfläche stemmen. ■ Unterrichtsgespräch über mögliche Gründe für dieses Verhalten	
■ SuS bearbeiten Material zum Verhalten eines Rückenschwimmers.	■ Material II./M 5 (Materialgebundene Aufgabe): „Körperlage des Rückenschwimmers“
A./B./C. 2. Tümpel- oder Bachexkursion	
■ Unterrichtsgespräch: Möglichkeiten zur Untersuchung der Lebensräume von wasserlebenden Wirbellosen im Freiland. Vorbereitung einer Exkursion	■ Tafel
■ SuS sammeln Vorschläge für mögliche Untersuchungen.	■ Material II./ M6 (Experiment): „Vorbereitung einer Tümpelexkursion“, zur Ergänzung: FWU 36 0685 Fangmethoden in Fließgewässern

Hinweis *zur Vorbereitung und Durchführung einer Exkursion: Auf einer Vorexkursion sollte auf die Artenzusammensetzung am Untersuchungsort geachtet werden.*
Mögliche Gefahren für die SuS sind abzuklären: Das Anlegen einer Profilzeichnung ist für die SuS zur Orientierung hilfreich. Günstige Ziele sind Kleingewässer mit flachen Ufern. Steilufer an Bächen, Flüssen, Seen und Teichen sollten gemieden werden. Ggf. müssen solche Stellen durch Seile, markierte Paketschnur oder rot-weißes Absperrungsband abgegrenzt werden. Eigentümer oder Pächter sind vorher um Erlaubnis zu fragen.
Nach den Untersuchungen im Klassenzimmer ist dafür zu sorgen, dass die Tiere in ihr Heimatgewässer zurückgebracht werden.
Achtung: *Bestimmte Wirbellose, u.a. alle Libellenarten, dürfen nicht mehr gefangen werden. Eine Entnahme geschützter Tierarten zu Lehrzwecken ist u.U. erlaubt, muss aber vorher mit der Schulaufsicht abgeklärt werden. Die Entnahme aus dem Schulteich zum Zweck der Beobachtung mit anschließendem Wiedereinsetzen dürfte i.d.R. unproblematisch sein. Einzelheiten sind in den Naturschutzgesetzen und entsprechenden Verordnungen der Bundesländer geregelt und können bei den Bezirksregierungen oder Naturschutzverbänden nachgefragt werden.*

Erarbeitungsschritte	Medien
A./B./C. 3. Bewegung wirbelloser Tiere	
■ L fordert auf, die gefangenen Wirbellosen zu bestimmen!	■ Bestimmungshilfe, z.B. Wirbellose Tiere des Süßwassers (Friedrich Verlag Velber, Best.Nr. 26 0013, ca. 1 Euro) oder nach Kuhn, Probst, Schilke, S. 147ff
■ SuS bereiten den Zirkus der Wasserbewohner vor: Jede Gruppe beobachtet die Bewegung eines bestimmten Tieres mit dem Ziel, diese innerhalb von drei Minuten möglichst genau beschreiben zu können.	
■ Vorführung der einzelnen Tiere	■ Material II./M 7 (Experiment) „Fortbewegung bei wirbellosen Wassertieren" dazu Wirbellose mit möglichst unterschiedlicher Bewegungsweise: Libellenlarven, Rückenschwimmer, Egel, Tubifex, Schnecken, Bachflohkrebs ■ Im Freigelände Einrichtung einer Runde oder im Klassenzimmer mit dem Arbeitsprojektor/großen Petrischalen und Beobachtungsrunde ■ Tafel / Notizbuch
■ HA: Jede Gruppe sammelt Informationen über „ihr" Tier, insbesondere über den Gasaustausch.	■ Biologielehrbücher, Nachschlagewerke zu Hause oder in Bibliotheken, „Experten" wie z. B. Biologielehrer, Naturschutzbeauftragte, Förster, Internet
A./B./C. 4. Gasaustausch bei Wirbellosen im Süßwasser	
■ SuS berichten über ihre Ergebnisse zur Hausaufgabe von A. 4.	■ Larven von *Aeshna*, Arbeitsprojektor, 1 % Methylenblaulösung, Wasser des Standorts.
■ L demonstriert Wasseratmung bei der Larve von *Aeshna.*	alternativ: Material II./M 8 (Materialgebundene Aufgabe) „Wasseratmung bei *Aeshna*"/ AMA aus M 8
■ SuS beschreiben den Vorgang.	
■ SuS bearbeiten Materialien zum Gasaustausch bei *Aeschna* und beim Flohkrebs in arbeitsteiliger GA.	■ Material II./M 9 (Experiment) „Wasseratmung beim Krebs"
■ L verteilt Abbildungen verschiedener Wirbelloser.	■ Abbildungen verschiedener Wirbellosen-Bestimmungsbücher in Kopie
■ SuS vergleichen und ordnen die Tiere bestimmten Gruppen zu.	
■ Bestimmung der einzelnen Formen mit Bestimmungshilfen	■ Tafel
■ Weitere Bestimmungsübungen mit Dias, ohne Bestimmungshilfen, Erkennen der Merkmale der größeren Gruppen	■ Bestimmungshilfen, FWU-Dias, z.B.: Nr. aus 10.2639 (Kleingewässer) bzw. Nr. aus 10 26490, 10 2537 (Leitorganismen), 10 2241 (Fluss- und Teichmuscheln), 10 2528 (Der Flusskrebs), 10 0552 Schnecken

II./M 1	Beobachtungen unter Wasser	Materialgebundene AUFGABE

Arbeitsmaterial:

Kriechende Krümelpäckchen

Es ist Ende Mai. Nils, Monika und Dennis liegen am Teichrand auf dem Bauch. Ihr Blick gleitet über die Wasseroberfläche. Wasserläufer schießen hin und her. Ein Mückenschwarm tanzt in der Luft. Libellen schwirren über die Köpfe der drei hinweg. Frösche quaken auf der anderen Teichseite. „Guck mal", ruft Monika plötzlich, „da!" Zwischen den modernden Blättern am Grunde des seichten Ufers gleitet ein seltsames Krümelpäckchen entlang. „Für einen Fisch zu langsam, für eine Schnecke zu schnell, für einen Wurm zu krümelig", meint Nils fachmännisch. Dennis ist der mutigste von den dreien. „Ich hol's raus", sagt er halblaut. Und schon schöpft er mit der hohlen Hand das fremde Etwas heraus. So sieht es aus:

„Komisch", sagt Monika, „ein Krebs kann es auch nicht sein – dazu fehlen ihm die langen Fühler. Außerdem hat dieses kleine Monster auch nur 6 Beine. „Ich weiß schon", lächelt Nils, „du meinst …". „Ach was", wendet Dennis ein. „Das sind doch Tiere, die an Land leben. Denk doch nur an die Tracheen bei den Tieren, die du meinst, und der Chitinpanzer ist doch ein Verdunstungsschutz! Tiere dieser Gruppe würde ich doch eher auf dem Trockenen suchen!"

Aufgaben:

1. Von welcher Tiergruppe ist die Rede?
2. Warum wundern sich die drei Schüler? Erläutere!

II./M 2	Spinnen an Land und im Wasser	Materialgebundene AUFGABE

Arbeitsmaterial:

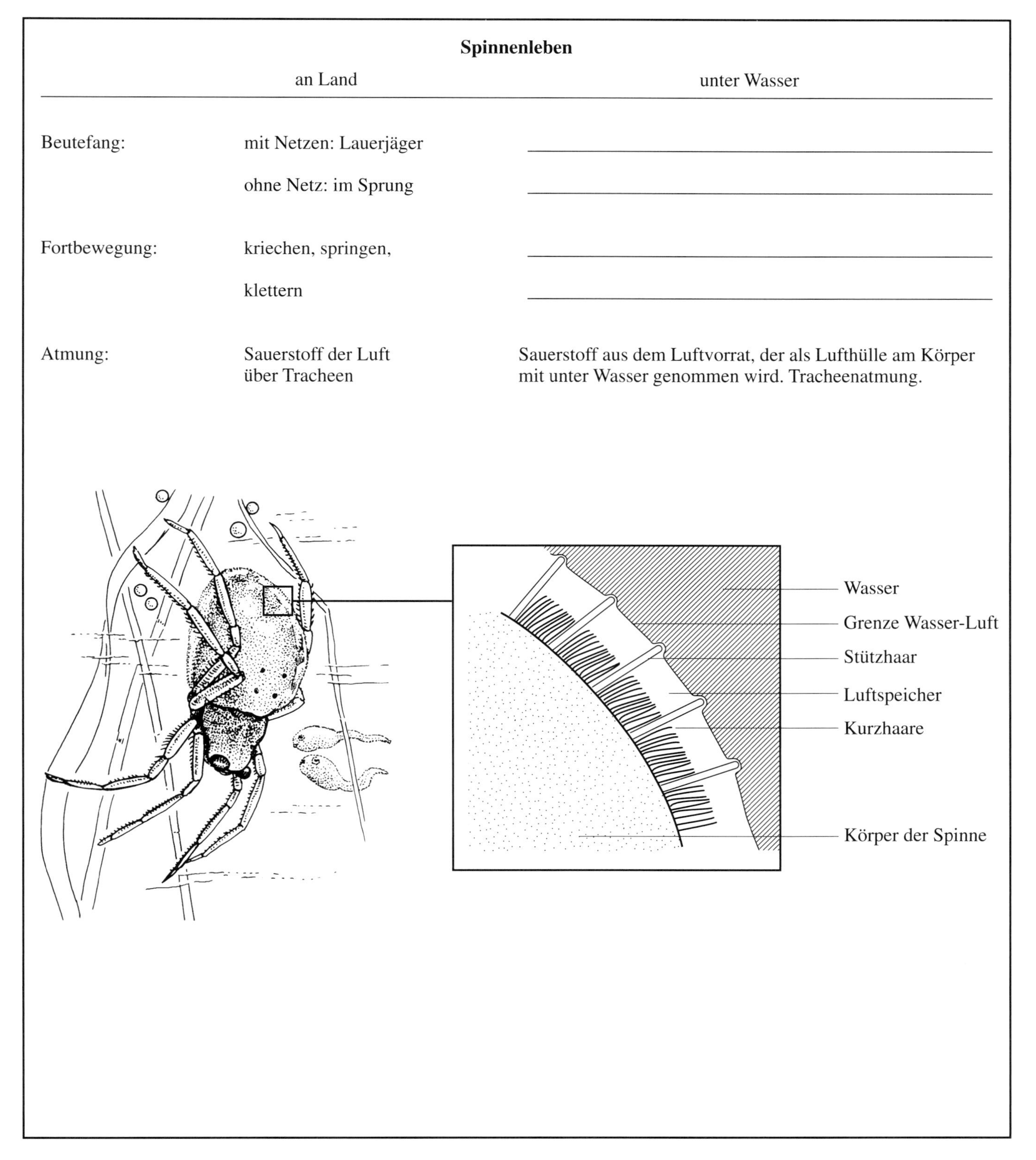

Spinnenleben

	an Land	unter Wasser
Beutefang:	mit Netzen: Lauerjäger	______________________
	ohne Netz: im Sprung	______________________
Fortbewegung:	kriechen, springen,	______________________
	klettern	______________________
Atmung:	Sauerstoff der Luft über Tracheen	Sauerstoff aus dem Luftvorrat, der als Lufthülle am Körper mit unter Wasser genommen wird. Tracheenatmung.

Aufgaben:

1. Ergänze die Gegenüberstellung!
2. Erläutere mit Hilfe der Abbildungen, wieso die Wasserspinne unter Wasser nicht erstickt!
3. Äußere Vermutungen, warum die Vorfahren der Wasserspinne nicht am Land blieben!

II./M 3	Wasserläufer bewegen sich auf der Wasseroberfläche	Materialgebundene AUFGABE

Arbeitsmaterial:

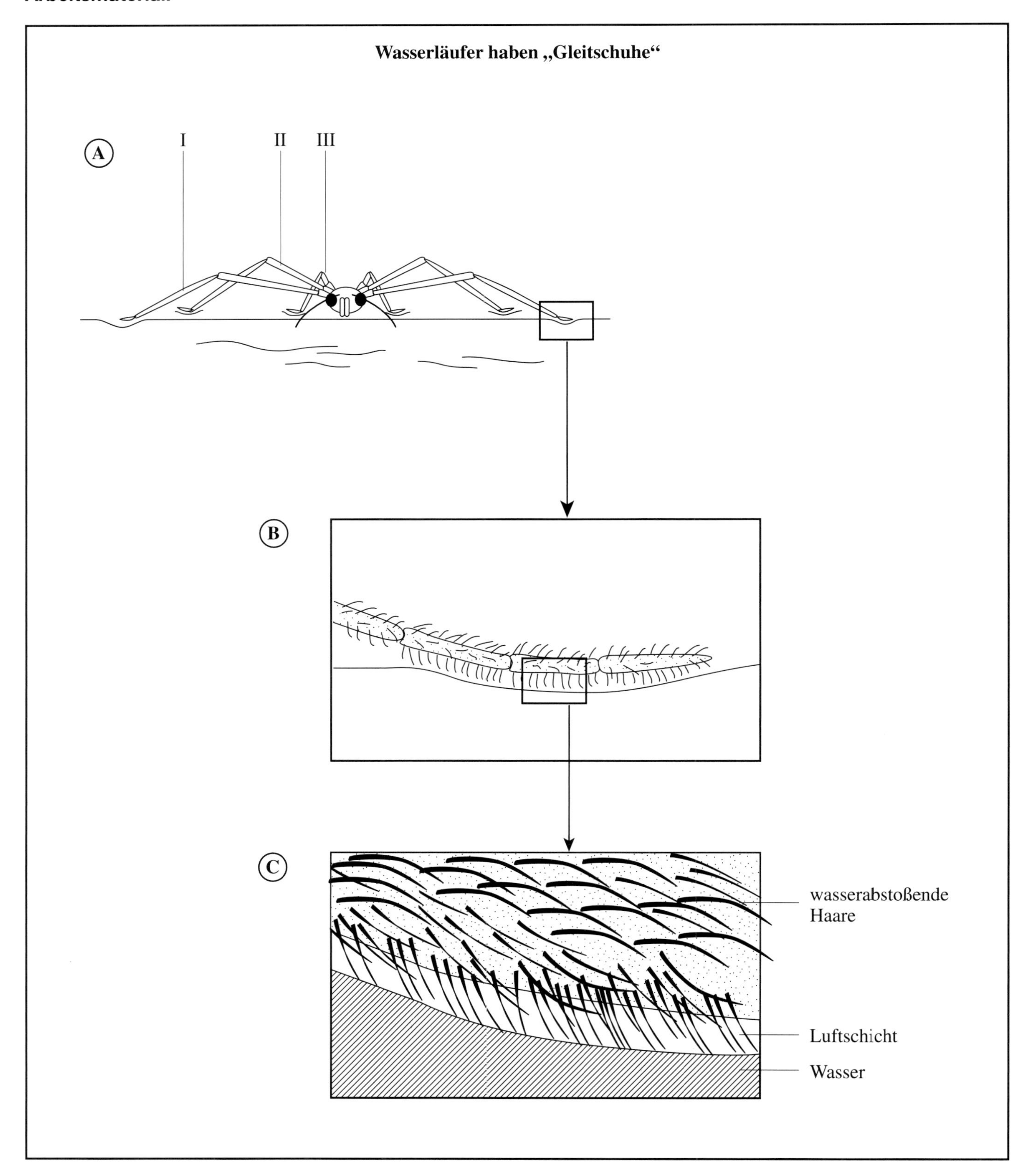

Aufgaben:

1. Beschreibe mit Hilfe der Abb. A die Körperhaltung des Wasserläufers an der Wasseroberfläche!
2. Beschreibe die Abbildung B! Erkläre mit Hilfe von Abb. C, wieso der Wasserläufer nicht im Wasser versinkt!

II./M 4	Vom Land aufs Wasser: Vergleich von 4 Wanzenarten	Materialgebundene AUFGABE

Arbeitsmaterial:

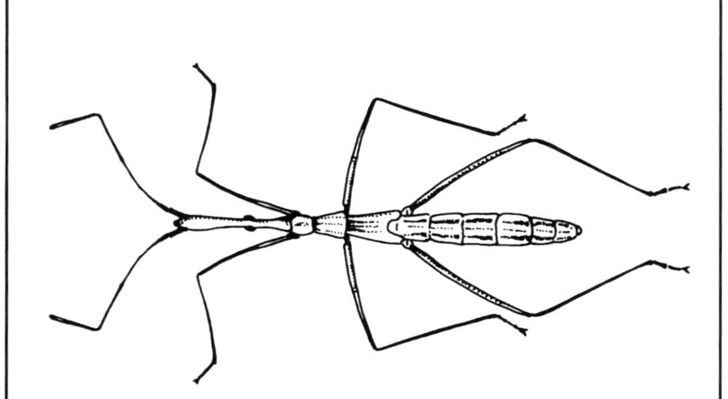

Gemeiner Teichläufer:
Stark verlängerter Kopf, schuppenförmige Flügelleiste, Mittel- und Hinterbeine etwas länger als Vorderbeine, ganzer Körper fein behaart.
- An der Wasseroberfläche stehender oder langsam fließender Gewässer.
- Beute: unter Wasser lebende Tiere (Mückenlarven, Wasserflöhe), werden mit dem Rüssel durch die Wasseroberfläche hindurch angestochen und ausgesaugt.

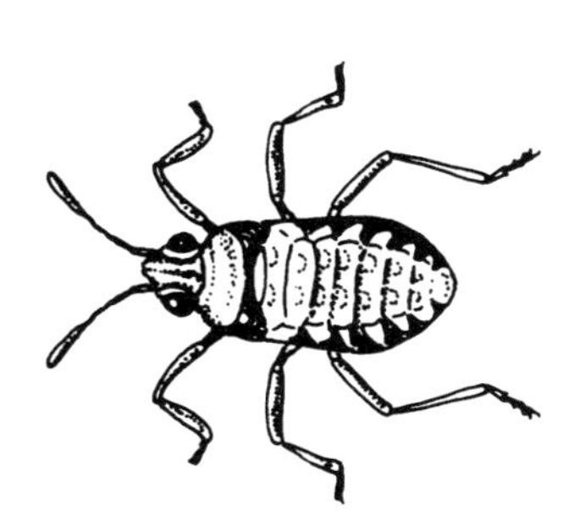

Gemeiner Zwergwasserläufer:
Beine gleichmäßig lang, Klauen an den Spitzen der Fußglieder, kleiner als 3 mm, Körperunterseite fein behaart.
- Auf Schwimmblättern von Wasserpflanzen.
- Auf Torfmoos am Gewässerrand.
- Beute: winzige Insekten, die auf den Untergrund fallen, werden mit dem Stechrüssel angestochen und ausgesogen.

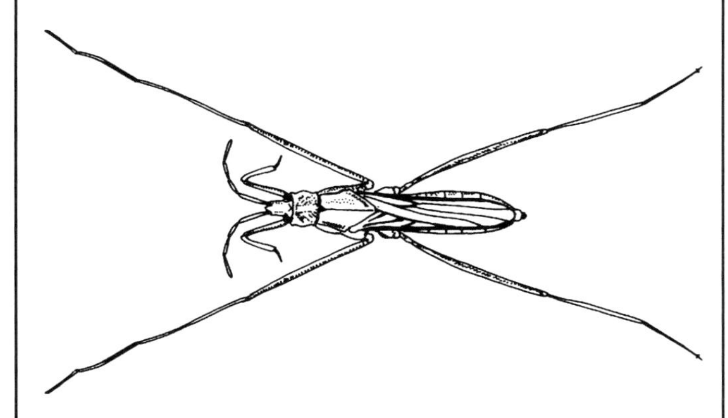

Gemeiner Wasserläufer:
Körper etwa 8 mm lang. Vorderbeine kürzerund von den anderen Beinen weit entfernt, Mittel- und Hinterbeine sehr lang. Körper fein behaart, Fußglieder mit besonders feinen, Wasser abstoßenden Haaren bedeckt. Klauen an den Endgliedern der Füße unter die Fußspitze geklappt. Guter Flieger.
- An der Wasseroberfläche stehender und fließender Gewässer.
- Beute (kleine Insekten) wird mit Vorderbeinen ergriffen und ausgesogen.

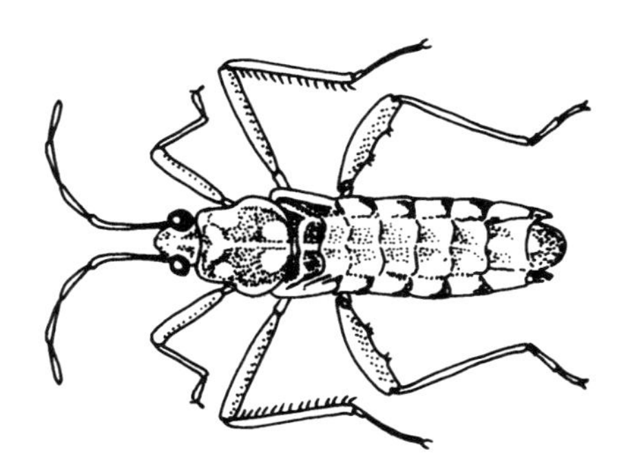

Großer Bachläufer:
Mittel- und Hinterbeine nicht viel länger als Vorderbeine, Körper mit feinen, Wasser abstoßenden Haaren bedeckt. Flügellos.
- Auf der Wasseroberfläche stehender und fließender Gewässer.
- Beute: Kleine Insekten, die auf die Wasseroberfläche fallen, werden mit dem Rüssel angestochen und ausgesogen. Die Vorderbeine werden zum Festhalten der Beute kaum genutzt.

Aufgaben:

1. Worin unterscheiden sich die 4 Wanzenarten?
2. Welche der 4 Formen ist am wenigsten an das Wasser angepasst, welche am besten? Begründe deine Feststellung!

II./M 5	Körperlage des Rückenschwimmers	Materialgebundene AUFGABE

Arbeitsmaterial:

Weshalb schwimmt ein Rückenschwimmer auf dem Rücken?

Der zu den Wasserwanzen gehörende Rückenschwimmer scheint an der Wasseroberfläche zu hängen. Bei genauer Betrachtung jedoch hängt er nicht, sondern er drückt mit den beiden vorderen Beinpaaren von unten gegen die Wasseroberfläche, denn er ist zwar leichter als Wasser, aber durchbricht nicht ohne weiteres die gespannte Wasseroberfläche und nutzt so die Grenzschicht vom Wasser zur Luft – genauso wie ein Wasserläufer. Sein Körperende durchsticht zur Luftaufnahme die Wasseroberfläche und ragt dann etwas in die Luft.
Der Rückenschwimmer besitzt auf der Unterseite seines Körpers am Hinterleibsabschnitt seitlich 2 Längsrillen. Jede Rille wird von beiden Seiten durch eine Reihe dicht stehender kurzer Haarborsten abgedeckt, sodass die Rillen tunnelartig werden. In die Rillen hinein münden durch Stigmen (= Atemöffnungen) die Tracheen, die den Körper der Wanze durchziehen. Durch die Stigmen entlässt der Rückenschwimmer die verbrauchte Luft. Sie wird also erst in die tunnelartigen Rillen abgegeben. Die Aufnahme von sauerstoffreicher Luft erfolgt durch 2 Stigmen am Ende des Hinterleibsabschnitts.

Abb. 1: Der Weg der Luft bei der Atmung des Rückenschwimmers.

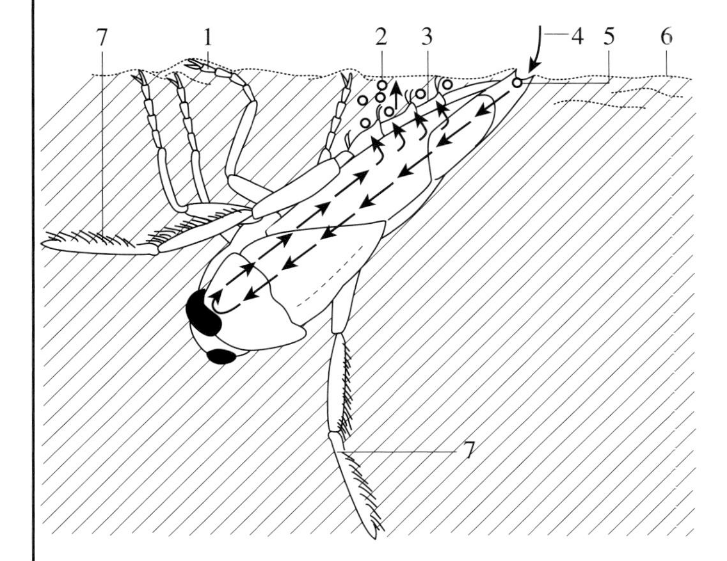

Abb. 2: Der Rückenschwimmer von **unten** gegen die Wasseroberfläche gesehen.

1 ______________________________

2 ______________________________

3 ______________________________

4 ______________________________

5 ______________________________

6 ______________________________

7 ______________________________

Aufgaben:

1. Ordne den Zahlen in der Abb. 1 die richtigen Begriffe zu!
2. Erkläre, wieso ein Rückenschwimmer auf dem Rücken schwimmt!

II./M 6	Vorbereitung einer Tümpelexkursion	Materialgebundene AUFGABE

Arbeitsmaterial:

Auf einer Tümpelexkursion wirst du in vergleichsweise kurzer Zeit viele Dinge sorgfältig zu erledigen haben. Deswegen muss die Exkursion gut vorbereitet sein.

Material für die Exkursion:

1. Ein Wassernetz mit dreieckigem Bügel und ca. 150 cm langem Stiel, Maschenweite des Netzes etwa 1 mm, Material weißer Nylonstoff oder Stramin (aus dem Handarbeitsgeschäft), notfalls ein Küchensieb mit daran befestigtem Stiel
2. Ein verschraubbares Glas mit weiter Öffnung (Honig-, Marmeladen- oder Gurkenglas) und zusätzlichem Gazeverschluss (Fliegengaze oder Stoff mit Gummiband)
3. Eine Lupe mit zehnfacher Vergrößerung
4. 1 Federpinzette
5. 1 dünner Pinsel mit weichen Borsten (Aquarellpinsel)
6. 1 heller tiefer Plastikteller oder kleine Plastikschüssel
7. 1 alter Esslöffel
8. 1 Drahtsieb mit 1 mm Maschenweite und Holzrahmen
9. Bleistift
10. Notizbuch mit Plastikumschlag
11. Bestimmungshilfe

Darauf musst du während der Exkursion besonders achten:

1. Beobachte aufgrund deines Auftrages deine Stelle sehr genau für mindestens 5 Minuten, ohne das Wasser zu berühren. Notiere dabei die „Unterwasserlandschaft" und fertige eine kleine beschriftete Skizze an, die Auskunft gibt über die Farbe, das Material des Untergrundes, Wasserpflanzen und Pflanzenreste.
2. Nach dieser Beobachtungsphase kannst du versuchen, Tiere einzufangen und zu bestimmen. In Fließgewässern achte auf die Unterseite von Steinen, auf Wasserpflanzen und andere Gegenstände im Wasser.
3. Die Einzelbeobachtung der Tiere im Plastikteller darf nicht in direktem Sonnenlicht durchgeführt werden.
4. Grundsätze für einen Transport ins Klassenzimmer:
   - Nie zu viele Tiere in ein Glas sperren!
   - Räuberisch lebende Tiere abtrennen und einzeln in Gläser geben!
   - Transportgefäß mit Wasser und Wasserpflanzen oder Moos füllen, dann den größten Teil des Wassers wieder ausgießen und dann erst die Tiere in das Gefäß bringen!
   - Transportgefäß nur mit einem Gazestück o.ä. überspannen!

Aufgaben:

1. Erläutere, wozu du die verschiedenen Geräte benötigst!
2. Begründe, warum du während der Exkursion auf bestimmte Dinge besonders achten musst!

II./M 7	Fortbewegung bei wirbellosen Wassertieren	EXPERIMENT

Arbeitsmaterial:

Versuchsprotokoll

Thema: „Zirkus der Wasserbewohner"

Material und Geräte: 1 große Petrischale mit schwarzem oder weißem Karton als Unterlage oder Plastikteller, Plastikschüssel zum Beobachten; Lupe; 1 wirbelloses Wassertier, z. B.: Gelbrandkäfer, Egel, Wasserskorpion, Rückenschwimmer, Köcherfliegenlarve, Stechmückenlarve oder Stechmückenpuppe, Taumelkäfer, Eintagsfliegenlarve, Wasserassel, Flohkrebs; ein Gefäß mit einer Bodenbedeckung aus grobem Sand; eine Aquarienpumpe mit Schläuchen zur Erzeugung einer Strömung; Stativ mit Klemmen; gebogenes Glas- oder Plastikrohr (z. B. Bioga)

Durchführung:

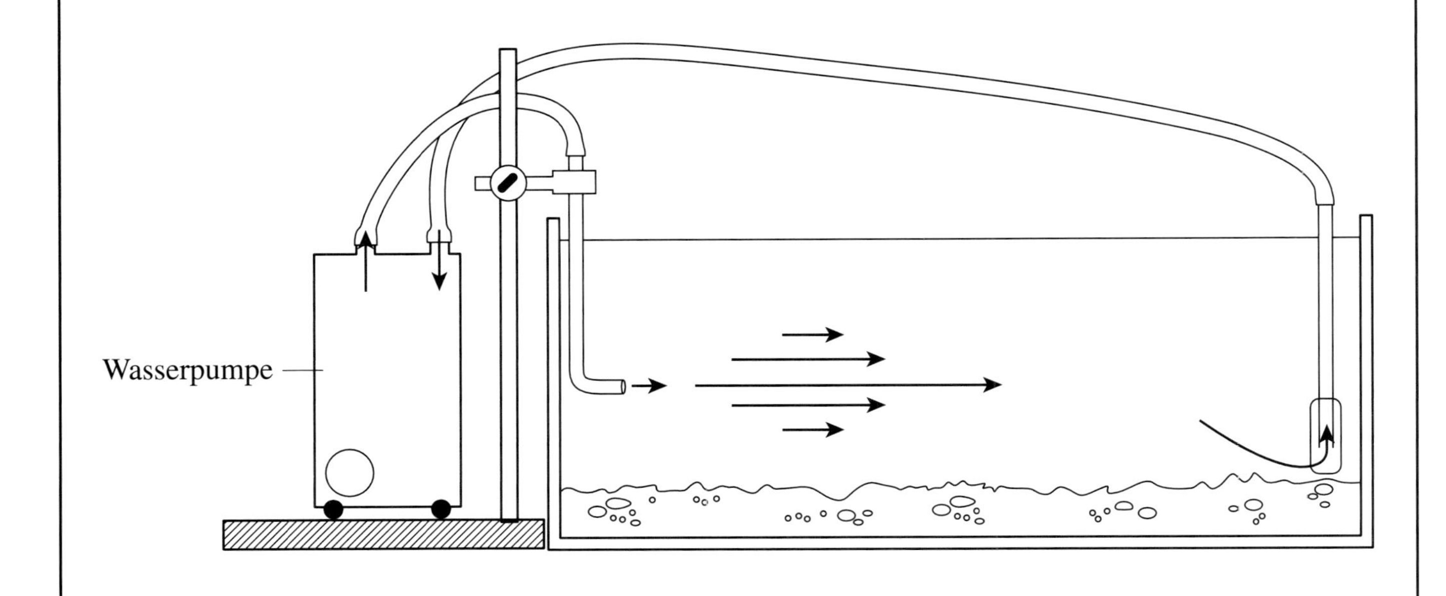

Aufgaben:

1. Beobachte die Bewegungen des Tieres! Beschreibe die Bewegungen genau! Verwende solche Begriffe wie schwimmen, gleiten, tauchen, kurven, schwänzeln, rudern, kriechen, laufen, hüpfen, schweben, schießen, zucken, torkeln usw.!
2. Welche besonderen Körperteile und Eigenschaften des Tieres erlauben diese Bewegungen?
3. Setze das Tier in das Strömungsgefäß! Beobachte sein Verhalten!
4. Zeichne dein Tier an der richtigen Stelle in der oben stehenden Skizze ein (z.B. Wasseroberfläche, Untergrund, freies Wasser, in der Strömung, außerhalb der Strömung)!
5. Bereite eine Vorführung der Bewegungen des Tieres als „Zirkusnummer" vor! Du solltest bei der Vorführung des Tieres Ausdrücke verwenden, die die Bewegung übertrieben deutlich machen. Einzelne Bewegungsabläufe solltest du möglichst mit deinem Körper oder deiner Hand in Zeitlupe zur Verdeutlichung durch Nachahmung vorführen.
6. Nach der Vorbereitung führe das Tier in der angegebenen Weise vor!

II./M 8	**Wasseratmung bei *Aeshna***	**Materialgebundene AUFGABE**

Arbeitsmaterial:

Abb.1: Die Großlibellenlarve *Aeshna* (schematischer Längsschnitt):

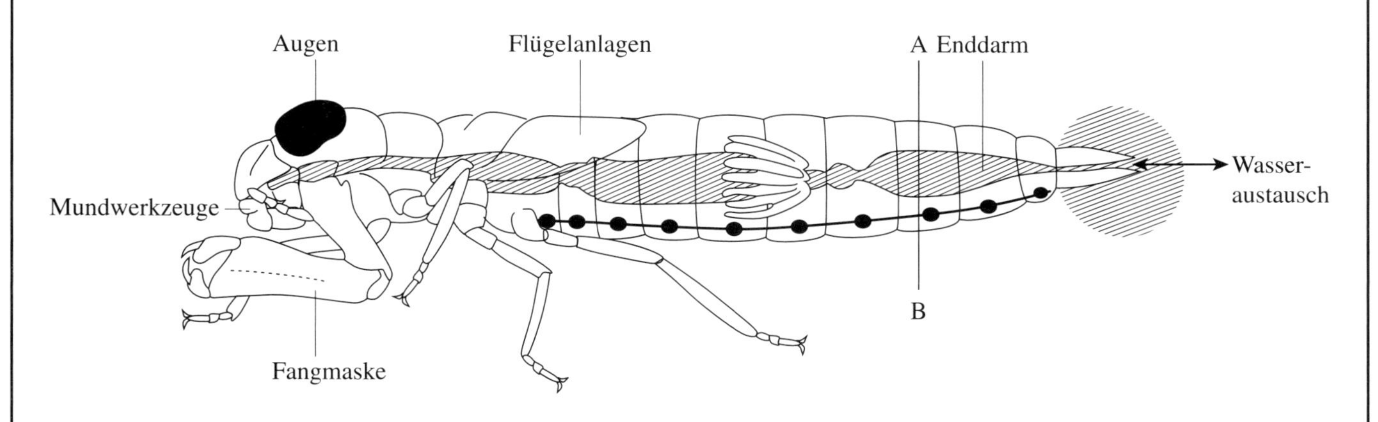

Abb.2: Querschnitt durch den Hinterleib (schematisch) entlang der Linie A – B aus Abb. 1.

a. Ausatmen b. Einatmen

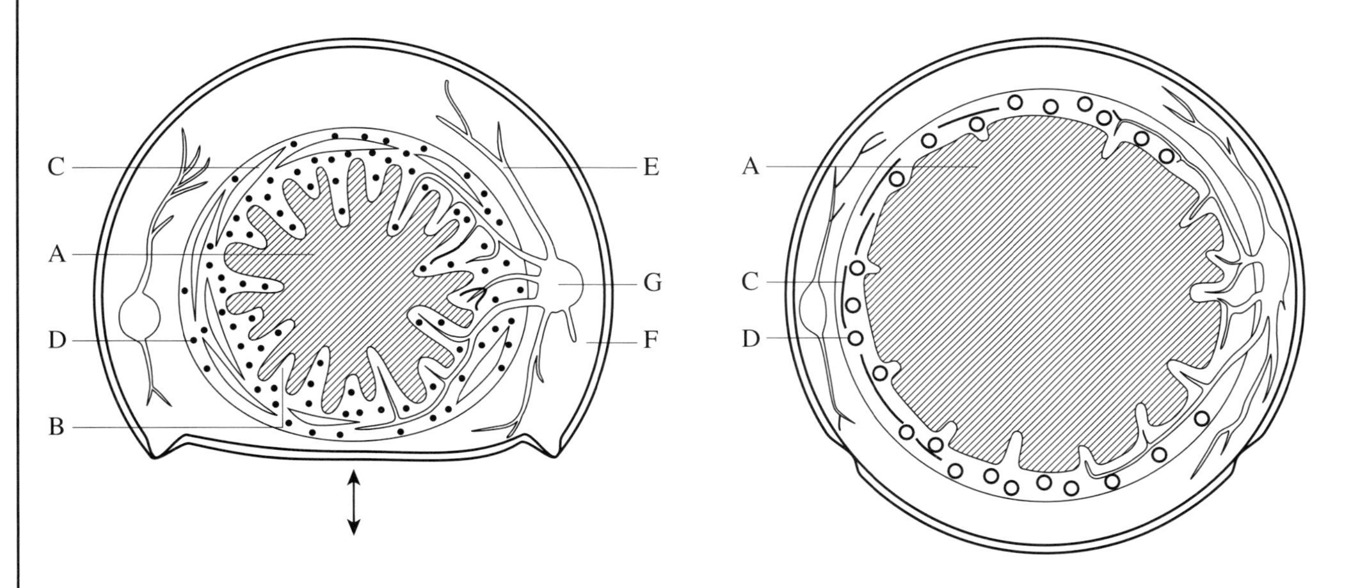

A eingeschlossene Umwelt (Inhalt des Enddarms), B Darmtracheenkieme, C Ringmuskulatur des Darms, D Längsmuskulatur des Darms, E Tracheen von den Tracheenkiemen zu den Tracheenlängsstämmen, F Körperhöhle, G Tracheenlängsstamm

Aufgaben:

1. Beschreibe die Wasseratmung bei Aeshna! Beachte dabei, welche Körperteile bewegt werden! Vergleiche diese Wasseratmung mit der Luftatmung beim Menschen!
2. Welche Vor- und Nachteile hat diese Form der Wasseratmung?

II./M 9	Wasseratmung beim Krebs	EXPERIMENT

Arbeitsmaterial:

Versuchsprotokoll

Thema: „Atmung bei Flohkrebsen"

Material und Geräte: 1 Beobachtungsschale (z.B. Joghurtbecher, obere Hälfte abgeschnitten) mit hellem Untergrund, mit Wasser ca. 1 cm hoch gefüllt; Lupe; Tropffläschchen oder Pipette mit 1 %iger Methylenblaulösung; Flohkrebse (*Rivulogammarus pulex* oder *R. roeselii*) als Beobachtungstiere (Abb. A); Wasser aus dem Heimatgewässer.

Abb. A:

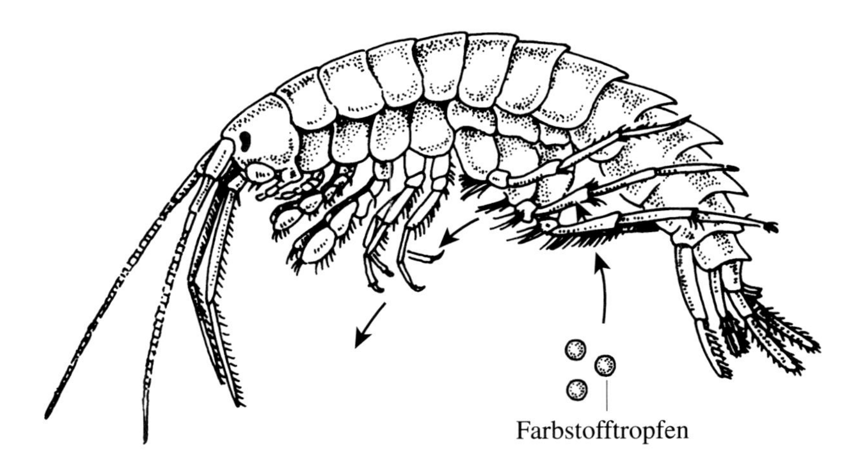

Abb. B:

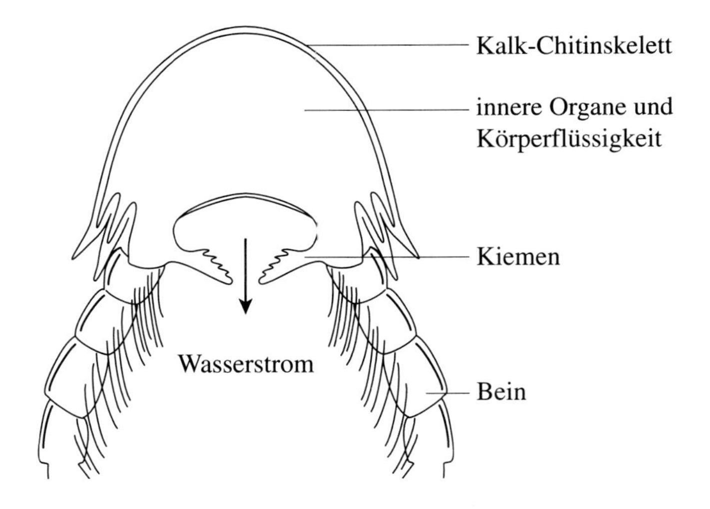

Durchführung:

Gib einige Flohkrebse in die Beobachtungsschale mit Wasser aus der Fundstelle der Tiere!
Beobachte die Bewegungen des Tieres, wenn es keine Ortsveränderungen durchführt!
Führe vorsichtig mit der Pipette einen Tropfen Farbstofflösung an das hintere Körperende des Krebses und verfolge den Weg der Farbstofflösung (sofern der Krebs ruhig bleibt)!

Aufgaben:

1. Zeichne den Weg der Farbstoffteilchen in Form von Pfeilen in die Abb. A ein!
2. Erkläre mit Hilfe der Abb. B, wie der Krebs atmet!

I.2.3 Lösungshinweise zu den Aufgaben der Materialien

II./M 1

1. Es handelt sich um die Gruppe der Insekten.
2. Insekten sind an das Leben in trockenen Gebieten angepasst: Chitinpanzer als Verdunstungsschutz; Extremitäten für die Fortbewegung auf festen Oberflächen bzw. zum Flug, Atmung von Luftsauerstoff über Tracheen.

II./M 2

1. Beutefang ohne Netz, aber mit Signalfäden; Beute wird mit den Extremitäten gefangen und in die Wohnglocke, die mit Hilfe von Spinnfäden errichtet wurde, transportiert. Fortbewegung an Wasserpflanzen kriechend, schwebend mit Hilfe des Luftpolsters am Hinterleibsabschnitt.
2. Die Stützhaare am Hinterleibsabschnitt sorgen dafür, dass das Luftpolster nicht durch den Wasserdruck aus den Kurzhaaren gedrückt wird. Evtl. ergänzend: Gasaustausch über die bei Spinnen üblichen Kammtracheen im Inneren des Hinterleibsabschnitts.
3. Die Konkurrenz anderer Spinnen und räuberisch lebender Gliederfüßer führte zu einem Besiedlungsdruck noch unbesiedelter Räume.

II./M 3

1. Der Wasserläufer berührt nur mit den Endgliedern seiner Beine die Wasseroberfläche. Die Oberflächenspannung des Wassers ist so groß, dass das Tier an den Berührungsstellen das Wasserhäutchen zwar leicht eindrückt, aber nicht durchbricht.
2. Ähnlich wie bei der Wasserspinne sorgen feine Härchen dafür, dass das Wasserhäutchen den Körper des Tieres nur an den Haarspitzen berühren kann. Dadurch erhöht sich die Auflagefläche.

II./M 4

1. Sie unterscheiden sich im Körperaufbau (Ausmaß der Körperbehaarung, Körpergröße, (relative) Beinlänge), im Aufenthaltsort, im Beutefangverhalten.
2. Am wenigsten angepasst ist der Gemeine Zwergwasserläufer: Keine Ruderbeine, nur Körperunterseite behaart, lebt am Rande der Gewässer auf festen Oberflächen. Am besten angepasst ist der Gemeine Teichläufer: Vollständige Körperbehaarung, extrem ausgebildete Ruderbeine (2. u. 3. Beinpaar), 1. Beinpaar zum Beutefang.

II./M 5

1. 1 = Ausbuchtung der Wasseroberfläche durch Druck der beiden vorderen Beinpaare. 2 = Blasen verbrauchter Luft, die aus der tunnelartigen Rille aufsteigen. 3 = tunnelartige Rille. 4 = Aufnahme von frischer (sauerstoffreicher) Luft. 5 = Stigmen am hinteren Hinterleibsabschnitt. 6 = Wasseroberfläche. 7 = 3. Beinpaar als kräftige Ruderbeine ausgebildet.
2. Durch die Luft in den tunnelartigen Rillen des Hinterleibsabschnitts verlagert sich der Schwerpunkt des Rückenschwimmers zum vorderen Rückenbereich bzw. zum Brust-/ Kopfabschnitt hin.

II./M 6

1. Fang von bodenlebenden und frei schwimmenden Tieren, 2. Sammelbehälter, 3. Beobachtungsgerät, 4. Gerät zur vorsichtigen Handhabung des Tiers, 5. Abwischen von Tieren in ein Beobachtungsgefäß, 6. Beobachtungsgefäß, 7. Einfangen von Tieren im flachen Wasser bzw. Sammeln von Schlamm, 8. Schlammsieb, 9 + 10. Sammeln der Beobachtungsergebnisse, 11. Feststellung des genauen Namens.
2. Je genauer beobachtet wird, desto mehr kann gesehen und u.U. gefangen werden. An festen Gegenständen sammeln sich bestimmte Tiere. Helles Sonnenlicht schadet den Tieren (Austrocknung, UV, zu hohe allg. Lichtintensität). Bei zu hoher Individuenzahl im Transportgefäß können die Tiere an Stress eingehen bzw. sich gegenseitig verletzen oder töten. Raubtiere werden durch ihr angeborenes Verhalten dazu gebracht, die anderen im Glas befindlichen Tiere anzugreifen. Beim Transport verliert das Transportwasser zu viel Sauerstoff, daher Kiemenatmer in nur wenige Millimeter tiefes Wasser oder auf feuchtes Moos/Wasserpflanzen setzen, Luftatmer können sich bei größerer Wassermenge und ohne festen Gegenstand durch die Schaukelbewegungen beim Transport nicht an der Wasseroberfläche halten.

II./M 7

1. Zuordnung genauer Formulierungen aus dem Arbeitsblatt,
2. Beschreibung der Organe zur Fortbewegung und der Körperform,
3. Tiere aus einem stehenden Gewässer suchen möglichst schnell eine strömungsarme Zone auf.

II./M 8

1. Blasebalgprinzip: Durch Kontraktion der Ringmuskeln zieht sich der Enddarm zusammen und stößt das sauerstoffarme Wasser aus. Die Kontraktion der Längsmuskeln führt zur Erweiterung des Darms und dem Ansaugen frischen Wassers. Durch Diffusion gelangt CO_2 aus den Darmtracheenkiemen in das Darmlumen und umgekehrt O_2 in die Tracheen. Der Transport der Gase in den Tracheen erfolgt über kleine Strecken durch Diffusion, über größere Strecken durch Bewegung der benachbarten Organe.
2. Atemorgane Lunge / Enddarm, Herkunft des Sauerstoffs Luft / Wasser.

II./M 9

1. Die Farbstofflösung wird vom hinteren Ende des Tieres zwischen die davor liegenden Beinpaare Richtung Mundöffnung gestrudelt.
2. Rhythmische Ruderbewegungen mit den hinteren Beinpaaren, die mit fransenartigen Fortsätzen versehen sind. Der Krebs strudelt das Wasser zwischen den Beinen entlang, weil zwischen den Beinen Kiemen sitzen.

II. 3. Medieninformation:

II. 3. 1 Audiovisuelle Medien

FWU-Film 32 3762: Der Flusskrebs 20 min, f

Annotation: *Es werden Körperbau, Entwicklung, Häutung und Lebensweise beschrieben. Die Problematik der zurückgehenden Wasserqualität und der damit verbundene Rückgang der Flusskrebsvorkommen werden dargestellt.*

Anmerkung: *Für den Einstieg in die Thematik (s. Alternative B) oder zur Ergänzung des Arbeitsblattes M9 geeignet.*

FWU-Film 32 2843: Fließgewässer 14 min, f.

Annotation: *Der Film behandelt die Sachverhalte: Unverschmutzter Bach, Anpassung von Organismen an die Wasserströmung, Bach mit Abwässern, Abwasserfahne, Abwasserpilze, Indikatororganismen; Chemische Analyse der Wasserprobe, Selbstreinigung.*

Anmerkung: *Zur Anregung der Konstruktionsversuche von Tiergestalten (Arbeitsblatt 1) und zum Einstieg in die Gesamtthematik geeignet.*

FWU-Diareihe 10 2640: Kleingewässer 12 f.

Annotation: *In Realaufnahmen und Grafiken werden Gefährdungen von Kleingewässern durch Maßnahmen des Menschen deutlich: Eutrophierung, Überfischung, Verlandung. Sanierungsmaßnahmen. Pflege- und Gestaltungsplan.*

FWU-Film 30 0453: Kleintierleben im Tümpel 12 min, sw

Annotation: *Der Tümpel als Lebensraum von Gelbrand- und Kolbenwasserkäfer mit Larven, Stabwanze, Wasserskoripion, Wasserspinne, Wasserassel, Köcherfliege, Libellenlarve, Spitzhorn- und Tellerschnecke.*

Anmerkung: *Für Beobachtungsübungen und zum Einstieg geeignet, wenn keine Exkursion durchgeführt werden kann und andere Filme nicht zur Verfügung stehen.*

FWU-Film 30 0458: Im Reiche der Libellen 10 min, sw

Annotation: *Entwicklung und Lebensweisen der Klein- und Großlibellen*

Anmerkung: *Ergänzung zu Freilandbeobachtungen bzw. Untersuchung von Exuvien.*

FWU-Diareihe 10 0648: Einheimische Libellen 12, f

Annotation: *Gezeigt werden Gebänderte Prachtlibelle, Becher-Azurjungfer, Frey's Schlankjungfer, Adonislibelle, Große Königslibelle, Heidelibelle, Quelljungfer.*

FWU-Diareihe 10 0649: Paarung und Entwicklung der Libellen

FWU-Film 30 0637: Schlüpfen einer Libelle 5min

Annotation: *Schlüpfvorgang und Vorbereitung zum ersten Flug.*

Anmerkung: *Ergänzung zur Untersuchung von Exuvien.*

FWU-Film 36 0261: Gelbrandkäfer: Fortbewegung, Nahrungsaufnahme, Atmung. 3,5 min

Annotation: *Gelbrandkäfer werden beim Atmen an der Wasseroberfläche, bei ihrer Fortbewegung mit Hilfe ihrer Ruderbeine und beim Beutefang beobachtet.*

Anmerkung: *Für Beobachtungsübungen sollte der Film bei arbeitsteiliger Gruppen- oder Partnerarbeit mehrfach vorgeführt werden.*

FWU-Film 36 0262: Gelbrandkäfer, Entwicklung. 5 min

Annotation: *Nach der Paarung der Gelbrandkäfer beobachtet man ein Weibchen bei der Eiablage. Bau, Fortbewegung, Atmung und Nahrungserwerb der Larve. Vorbereitungen zur Verpuppung, Häutungen zur Puppe und zur Imago.*

Anmerkung: *Ergänzung zur Einstiegsalternative B (Entwicklung bei Gliederfüßern des Süßwassers). Reizvoll ist ein Vergleich zwischen der Entwicklung beim Krebs und beim Gelbrand oder einer Libelle.*

FWU-Film 36 0685: Fangmethoden in Fließgewässern 5 min, f.

Annotation: *Gezeigt wird der Fang von Kleinlebewesen in Fließgewässern.*

Anmerkung: *Zur Vorbereitung einer Exkursion geeignet; allerdings wird durch den Film ein „entdeckendes Lernen" u.U. weniger reizvoll sein. Man sollte vor Einsatz des Films die Atmosphäre in der Lerngruppe berücksichtigen.*

FWU-Film 36 0686: Lebewesen in Fließgewässern 5 min, f

Annotation: *Der Film zeigt Schlammröhrenwürmer, Schlammegel, Flohkrebese, Eintagsfliegenlarven, Rote Zuckmückenlarven und Wasserasseln, jeweils isoliert von ihrem Biotop, teils in Makroaufnahmen, teils in Bewegung.*

Anmerkung: *Zur Ergänzung der Kennübungen (Arbeitsblatt 7) geeignet, nicht jedoch zur Einführung in die Gesamtthematik.*

FWU-Diareihe 10 2537: Probleme der Wasserverschmutzung. Leitorganismen in Fließgewässern 24, f.

Annotation: *1. Abwasserpilz, 2. Grünalgen, 3. Stein mit Glockentierchen, 4. Glockentierchen vergr., 5. Bachgrund mit Schlammröhrenwürmern, 6. Schlammröhrenwürmer im Aquarium, 7. einzelner Schlammröhrenwurm, 8. Schlammegel, Ober- und Unterseite, 9. Schlammegel, vord. u. hint. Saugnapf, 10. Flohkrebs, 11. Wasserassel, 12. Wasserassel, Vorder- und Hinterende, 13. Rote Zuckmückenlarve, 14. Rote Zuckmückenlarve, Vorder- und Hinterende, 15. Eintagsfliegenlarve, 16. Eintagsfliegenlarve, Vorderende, 17. Eintagsfliegenlarve, Tracheenkiemen, 18. Steinfliegenlarve, 19. Netzbauende Köcherfliegenlarven, 20. Köcherfliegenlarve, Seitenansicht/ Vorderkörper, 21. Hakenkäfer, 22. Hakenkäfer vergr., 23. Bachboden mittlere Belastung, 24. Stein mit Eisensulfid.*

Anmerkung: *Für Kennübungen gut geeignet.*

II. 3. 2 Zeitschriften

z.B. Libellen. Unterricht Biologie Heft 145, 13.Jg., Juni 1989.

Inhalt u.a.: *Basisartikel „Teufelsnadeln und Wasserjungfern", Flugkünstler Libellen, Vom Wasser in die Luft, Beihefter mit schönen Fotos zur Formenvielfalt, Spiel „Das Libellenspiel" (4 oder 5 Spieler, 30 bis 45 Minuten Spieldauer).*

Schramm, D.: Fortbewegung von Wasserinsekten. Unterricht Biologie 178 (16 jg.), Oktober 1992, S. 17-21.

Anmerkung: *Arbeitsblätter mit folgender Thematik: Kleine Tiere des Tümpels, Beobachtungen an Wasserinsekten, Wasserinsekten auf Nahrungssuche.*

Beihefter Unterricht Biologie: Wirbellose Tiere des Süßwassers. Friedrich Verlag, Seelze.

Anmerkung: *ein übersichtlicher Bestimmungsschlüssel mit Erfassungsbogen und Literaturhinweisen*

Merritt, R. W. und Wallace, J. B.: Fischende Insektenlarven. Spektrum der Wissenschaft, Juni 1981, S. 60 - 69.

Anmerkung: *Für den Unterricht sind besonders die exakten und gut kopierfähigen Handzeichnungen hervorzuheben.*

II. 3. 3 Bücher

Engelhardt, W.: Was lebt in Tümpel, Bach und Weiher. Stuttgart 1977.

Anmerkung: *Eine klassische Bestimmungshilfe für Flora und Fauna im Süßwasser, auch für den Nichtbiologen und für die Hand des Schülers geeignet. In 420 Abbildungen werden die häufigsten Arten beschrieben.*

Joger, U. (Hrsg.): Praktische Ökologie. Frankfurt 1989.

Anmerkung: *Nach einer allgemeinen Einführung werden jeweils in einem theoretischen und praktischen Teil die Ökosysteme Wiese, Wald, Boden, Mauer, Stadt, Bach und See vorgestellt. Eine Reihe von Bestimmungshilfen und viele zusätzliche Materialien für die Hand des Lehrers sind für die Vorbereitung des Unterrichts nützlich.*

Kloft, W. u. Gruschwitz, M.: Ökologie der Tiere. Stuttgart 1988

Anmerkung: *Eine allgemeine Einführung zur Orientierung über relativ neue ökologische Arbeitsgebiete.*

Kuhn, K., Probst, W. u. Schilke, K.: Biologie im Freien. Stuttgart 1986.

Anmerkung: *In diesem Werk werden Anregungen für die Freilandarbeit vermittelt. Kreativität, spielerischer Zugang zu biologischen Phänomenen und Einsatz aller Sinne spielen eine große Rolle.*

Müller, H. J.(Hrsg.): Bestimmung wirbelloser Tiere im Gelände. Fischer Stuttgart 1986

Anmerkung: *Diese Bestimmungshilfe ist als eine Ergänzung der Bestimmungshilfen in der Schule aufzufassen und für die Hand des Lehrers oder des sehr interessierten Schülers geeignet. Ein besonderer Vorteil dieser Bestimmungshilfe liegt in der leichten Erkennbarkeit der unterscheidenden Merkmale.*

Schmidt, E.: Ökosystem See. Stuttgart 1980.

Streit, B.: Ökologie. Thieme, Stuttgart 1980

III. Unterrichtseinheit (UE): Wirbellose als Konkurrenten und Helfer des Menschen

Lernvoraussetzungen:

Inhalte: keine
Methoden: Texte allein und mit Hilfestellung auswerten; Informationen unter Anleitung beschaffen; komplexe Sachverhalte zuordnen; Beobachtungen wiedergeben

Gliederung:

Die Pfeile geben die hier vorgeschlagene Unterrichtssequenz inhaltlicher Schwerpunkte an. Diese Sequenz sollte eingehalten werden, da die inhaltlichen Schwerpunkte folgerichtig aufeinander aufbauen.

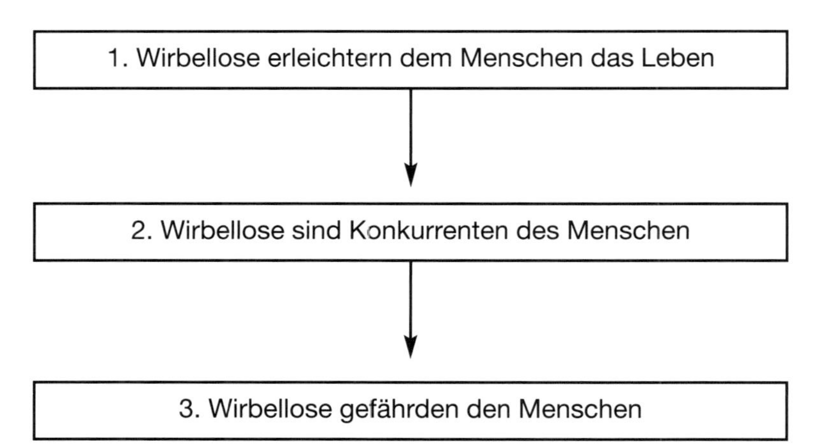

Zeitplan:

Für die Bearbeitung aller Materialien und bei Einsatz aller Medien muss mit einem Zeitaufwand zwischen 8 und 12 Stunden gerechnet werden. Einem Einsatz von nur zwei der drei Abschnitte steht jedoch nichts im Wege. Es muss dann mit einem Aufwand zwischen 6 und 9 Stunden gerechnet werden.

III.1 Sachinformationen:

Ektoparasit
Schmarotzer, die sich auf der äußeren Körperoberfläche ihres Wirts zeitweilig (temporär) oder dauernd (stationär) aufhalten und Bestandteile des Wirts als Nahrung aufnehmen. Vgl. auch Entökie.

Endoparasit
Binnenschmarotzer, die im Körper des Wirts oder auf seinen inneren Oberflächen (z.B. Darm) leben und sich von der Nahrung des Wirts oder Teilen des Wirts selbst ernähren.

Endwirt:
Zur Entwicklung benötigen manche Parasiten mehrere Wirte. Der Wirt, in dem der Parasit geschlechtsreif wird, ist als Endwirt zu bezeichnen.

Entökie
Tiere, die auf oder in anderen Tieren leben, ohne mit diesen eine Nahrungsbeziehung zu haben.

Erreger:
Meist mikroskopisch kleine Lebewesen (Viren, Bakterien, Pilze, Sporen versch. Organismen, Einzeller, verschiedene Wirbellose), die einen anderen Organismus auf unterschiedliche Weise infizieren (befallen) und eine immunologische Abwehrreaktion des befallenen Organismus hervorrufen.

Hirudin:
Eine vom Blutegel aus den Speicheldrüsen abgesonderte Substanz, die die Gerinnung des Blutes (wahrscheinlich durch Bindung der Ca^{2+}-Ionen im Blut) verhindert. Der medizinische Blutegel *Hirudo* sondert außerdem eine Substanz ab, die dem Histamin ähnlich ist und zur Erweiterung der Kapillaren führt.

Infektionskrankheit:
Alle Krankheiten, die durch einen Erreger hervorgerufen werden und zu einer immunbiologischen Reaktion des infizierten Organismus führen.

Konkurrenz:
Eine Beziehungsform zwischen mindestens zwei Organismen bzw. Organismengruppen einer oder verschiedener Arten, die miteinander im Wettbewerb um Nahrung, Raum, Geschlechtspartner etc. stehen.

Lästling:
Organismen, die anderen Organismen zwar „zur Last“ werden, diese aber direkt kaum oder gar nicht schädigen (z.B. Stubenfliegen). Die Übergänge zwischen Lästling und Schädling (z.B. „Hygieneschädling“) sind fließend.

Nützling:
Alle Lebewesen, die vom Menschen bei der Bekämpfung von Schädlingen oder der Herstellung möglichst optimaler Produktionsbedingungen herangezogen werden.

Parasit:
Lebewesen, die in einer bestimmten Nahrungsbeziehung zu anderen Organismen (Wirt) stehen. P. schädigen den Wirt, ohne ihn i.a. zu töten. Die Übergänge zum Erreger (von Infektionskrankheiten) wie auch zum Räuber (der seine Nahrung tötet) sind fließend. P. ernähren sich entweder vom Wirt direkt oder von seiner Nahrung. Der Vorgang der Nahrungsaufnahme beim Wirt, in die sich ein Parasit einschaltet, kann in unterschiedlichter Weise variiert sein: P. können von der Nahrungssuche des Wirts profitieren, sie können als Mitesser (Kommensalen) auftreten oder als echte Parasiten den Wirt direkt befallen. Insgesamt lässt sich das Parasit-Wirt-Verhältnis als eine Nahrungs- und Raumbeziehung beschreiben, bei der der Wirt „die Welt des Schmarotzers“ darstellt und der Parasit in verschiedener Weise von diesem Zusammenleben profitiert, ohne dass der Wirt dadurch Vorteile hätte.

Schädling:
Alle Lebewesen, die die Produktion, die Lagerung und die Verarbeitung von landwirtschaftlichen oder ähnlichen Produkten stören bzw. zu wirtschaftlichen Schäden führen.

Schellack:
Ein Gemisch aus Harzen und Wachsen. Die Wachse scheiden die tropischen Lackschildläuse (*Lacciferidae*) aus Hautdrüsen ihres Hinterleibs aus, während der Harzanteil von der durch den Einstich der Laus verletzten Pflanze stammt. Bei dichtem Tierbesatz fließen die Lackmassen benachbarter Tiere zusammen. Dieses als Stocklack bezeichnete Rohprodukt wird mit heißem Wasser von Verschmutzungen und den Läuseleichen gereinigt und kommt als Schellack in den Handel. S. wurde bis zur Entwicklung von Kunststoffen für Schallplatten, Lacke und für Siegellack verwendet.

Seide:
Fädiges Drüsensekret der Raupe des Seidenspinners, welches für die Herstellung eines dreischichtigen Puppenkokons verwendet wird. Die mittlere Schicht wird durch einen einzigen Faden gebildet, der abgespult werden kann und für die Produktion von Rohseide Verwendung findet. Seide besteht aus dem Skleroprotein b-Keratin und besitzt eine Faltblattstruktur.

Überträger:
Alle Lebewesen, die Erreger (Bakterien, Einzeller, best. wirbellose Kleinstlebewesen) oder krankheitserregende Systeme (Viren, virale DNA und RNA, Viroide) aufnehmen und durch direkten körperlichen Kontakt mit einem dritten Organismus diesen infizieren.

Vergiftung:
Schädlicher Einfluss einer Substanz auf die inneren Organe eines Organismus, bei dem der Organismus insgesamt oder Teile von ihm durch diese Substanz in der Funktion mehr oder weniger schwerwiegend gestört werden. Eine sog. „Fleischvergiftung“ wird beispielsweise nicht durch das Fleisch, sondern durch das als Gift wirkende Ausscheidungsprodukt des Bakteriums *Botulinus*, welches das Fleisch infiziert hat, hervorgerufen.

Wirt:
Alle Organismen, die in einer direkten Nahrungs- oder Raumbeziehung zu artfremden Organismen stehen und durch diese Beziehung zumindest keinen Vorteil, häufig aber Nachteile erhalten.

Zwischenwirt:
Als Zwischenwirte gelten alle Wirte, in denen die larvalen Entwicklungsschritte des Parasiten ablaufen.

III.2 Informationen zur Unterrichtspraxis

III.2.1 Einstiegsmöglichkeiten

Einstiegsmöglichkeiten	Medien
A.	
■ L präsentiert verschiedene Gegenstände. ▶ **Problemfrage**: Was ist allen Gegenständen gemeinsam?	■ Miesmuscheln und/oder Krabben (frisch oder Konserve), Seidentuch, Gefäß mit Aufschrift „Ameisensäure“, Zuchtgefäß mit *Drosophila*, Laufkäfer, Perlenkette, Honigglas
B.	
■ L präsentiert wurmstichiges Obst. ■ SuS überprüfen das Innere der Früchte oder beschreiben das Dia. ▶ **Problemfrage:** Woher stammen die Maden im Obst?	■ Wurmstichiges Obst, oder Dia (z.B. 8 aus FWU 10 2367 SJS) ■ Material III./M 9 (Materialgebundene Aufgabe): Ungebetene Gäste im Obst

III.2.2 Erarbeitungsmöglichkeiten

Erarbeitungsschritte	Medien
A./B. 1. Wirbellose erleichtern dem Menschen das Leben	
■ L projiziert Film „Der Seidenspinner“. ■ Unterrichtsgespräch: – Welche Eigenschaften des Tieres werden genutzt? – Wie läuft der Herstellungsvorgang von Seide ab? ■ Zusammenfassung bzw. HA	■ FWU 32 0662 (12'): Der Seidenspinner ■ Tafel ■ Material III./M 1 (Materialgebundene Aufgabe): Seide
Nachdem ein Beispiel für die Nutzung eines Körperprodukts eines solitär lebenden wirbellosen Tieres erarbeitet wurde, kann im 2. Beispiel gezeigt werden, dass die „Vorratswirtschaft“ eines sozial lebenden Insekts von Menschen genutzt wird. Dabei nutzt der Mensch insbesondere die durch die soziale Organisation des Tieres entstehenden relativ großen Mengen des Produkts.	
■ L. verteilt Honigproben an die SuS. ■ Unterrichtsgespräche: Zusammensetzung von Honig, Honigarten. ■ L. projiziert Film über die Honigbiene.	■ Honig, sterile Holzspatel ■ FWU-Film 32 2346: Die Honigbiene (18 Min.) ■ Tafel

<table>
<tr><th>Erarbeitungsschritte</th><th>Medien</th></tr>
<tr><td>■ Unterrichtsgespräch: Eigenschaften der Biene, die die Nutzung des Honigs durch den Menschen erlaubt

■ Unterrichtsgespräch: Wie entsteht Honig?</td><td>■ Material III./M 2 (Materialgebundene Aufgabe): Menschen nutzen die Tätigkeit der Honigbiene

■ Arbeitstransparent 2

■ Material III./M 3 (Materialgebundene Aufgabe): Wie entsteht Honig?

■ zur Ergänzung: FWU-Film 32 2347: Aus der Arbeit des Imkers</td></tr>
<tr><td colspan="2">In Ergänzung zu diesen beiden wichtigsten Beispielen der Nutzung Wirbelloser können in Form von Referaten, Partnerarbeit oder Kleingruppenarbeit die Nutzung von Regenwürmern, Spinnen, Muscheln und Heuschrecken sowie das technologisch interessante Beispiel des Luciferins bei Glühwürmchen erarbeitet und vorgestellt werden. Alle Beispiele eignen sich aufgrund ihrer Komplexität gut für die Anregung von Projektarbeiten.</td></tr>
<tr><td>■ Eine Zusammenfassung (III./M 7) schließt diesen Abschnitt ab.</td><td>■ Material III./M 7 (Materialgebundene Aufgabe): Menschen nutzen Insekten</td></tr>
<tr><td colspan="2">A./B.2. Wirbellose sind Konkurrenten des Menschen</td></tr>
<tr><td colspan="2">Nachdem nun vielfältige Beispiele für die Nutzung wirbelloser Tiere durch den Menschen beschrieben wurden, wird auf das biologische Verhältnis zwischen Menschen und verschiedenen Wirbellosen im Bereich der Konkurrenz eingegangen sowie auf den Aspekt, dass der Mensch seinerseits von Wirbellosen „genutzt“ wird – als Wirt von Parasiten oder Krankheitserregern.</td></tr>
<tr><td>■ Unterrichtsgespräch: Konkurrenzverhältnis zwischen Menschen und wirbellosen Tieren

■ SuS identifizieren Konkurrenten in Partner- oder Gruppenarbeit.

■ SuS bereiten ein Beispiel vor, in dem die Auswirkungen des Konkurrenzverhältnisses konkret beschrieben werden.</td><td>■ Material III./M 8 (Materialgebundene Aufgabe): Tödliche Konkurrenz

■ Tafel

■ Material III./M 10 (Materialgebundene Aufgabe): Konkurrenz des Menschen im Obst- und Gemüsegarten

■ Ergänzung: Dia 18 und 19 aus FWU 10 2368 (Kartoffelnematode)

■ Material III./M 11 (Materialgebundene Aufgabe): Zähne des Windes.
(sollte in häuslicher Arbeit vorbereitet sein)
Abb. in M 11 als AMA

■ Ergänzung dieses Abschnitts durch
– FWU-Film 32 03930 Nützlinge im Gewächshaus
– Dia 21 aus FWU-Diaserie 2367: Schlupfwespe auf Frostspanner
– FWU-Diaserie 10 0509: Der große Kohlweißling
– FWU-Diaserie: 10 0519 Der Kartoffelkäfer</td></tr>
<tr><td colspan="2">A./B.3. Wirbellose gefährden den Menschen</td></tr>
<tr><td colspan="2">Während die Nutzung von Wirbellosen durch den Menschen zu einer Gefährdung der betreffenden Wirbellosen-Gruppe führen kann, wird hier nun die entgegengesetzte Tendenz erarbeitet: Gefährdung von Menschen-Gruppen durch Wirbellose.</td></tr>
<tr><td>■ L. bittet SuS um Angabe von Urlaubsorten und lässt diese auf einer Karte notieren.</td><td></td></tr>
</table>

<table>
<tr><th>Erarbeitungsschritte</th><th>Medien</th></tr>
<tr><td>■ SuS bearbeiten Info-Text (III./ M 14) und berichten (Aufg. 1-2).

■ Unterrichtsgespräch: Übertragung von Malaria. Bearbeitung von Material III./M 15 bis einschl. Aufgabe 2.2

■ SuS bearbeiten Aufgabe 2.2 in häuslicher Arbeit und berichten.

■ L projiziert Film über Fiebermücken. Abschließendes Unterrichtsgespräch</td><td>■ AMA: Weltkarte aus Material III./M 12

■ Material III./M 12 (Materialgebundene Aufgabe): Urlaub in den Tropen

■ Tafel

■ Material III./M 13 (Materialgebundene Aufgabe): Übertragung und Weitergabe von Malariaerregern. Abbildung aus Material II./M 13 als AMA (Infektionskreislauf)

■ FWU- Film 42 0366: Fiebermücken

■ Ergänzend: Dia 1-3 aus FWU-Diaserie 10 2368: Schädlingsbekämpfung II / Chemische Schädlingsbekämpfung</td></tr>
<tr><td colspan="2">Die Bearbeitung des Fallbeispiels Malaria wird im Unterrichtsverlauf dazu führen, dass sich die SuS auch über andere Tropenkrankheiten informieren wollen.</td></tr>
<tr><td>■ Lehrervortrag über die wichtigsten tropischen Infektionskrankheiten.

■ SuS bearbeiten Material III./M 14.</td><td>■ Dias aus der FWU-Diaserie 10 0960: Ektoparasiten des Menschen

■ Materrial III./M 14 (Materialgebundene Aufgabe): Wirbellose übertragen Krankheiten</td></tr>
<tr><td colspan="2">Die Frage nach einem Übertragungsrisiko durch Parasiten auch in den gemäßigten Zonen wird zu der Behandlung einheimischer Parasiten und Krankheitsüberträger führen. Hierbei sollten die Begriffe „Erreger“ und „Überträger“ möglichst genau differenziert werden.</td></tr>
<tr><td>■ L projiziert Abbildungen von Wanze, Floh, Laus.

■ Unterrichtsgespräch: SuS beschreiben und berichten von eigenen Erfahrungen mit diesen Parasiten; L ergänzt ggf..

■ L-impuls: Um uns vor diesen Parasiten zu schützen, sollten wir mehr über diese Tiere wissen.

■ SuS erarbeiten Steckbriefe und hängen sie im Klassenraum, Fachraum oder Flur aus.</td><td>■ Arbeitstransparent 2

■ Material III./M 15 (Materialgebundene Aufgabe): Wer ist wer? Drei Steckbriefe; Pinnwände/Befestigungsmaterial</td></tr>
</table>

III./M 1	Seide	Materialgebundene AUFGABE

Arbeitsmaterial:

Die Seidenspinner gehören zur Familie der Saturniiden – einer Schmetterlingsfamilie, in der mit einer Spannweite von 24 cm die größten Falter, ja die größten heute lebenden Insekten überhaupt, vorkommen. Die meisten Vertreter dieser Gruppe sind nachtaktiv und besitzen eine unscheinbare Farbe zur Tarnung. Fast alle habe keinen Saugrüssel so wie andere Schmetterlinge. Ihre Lebensdauer im geschlechtsreifen Zustand ist meist sehr kurz. Wenn die Seidenspinner aus der Puppenhülle geschlüpft sind, lockt das Weibchen die Männchen durch Duftstoffe an. Mit ihren riesigen Fühlern, die wie gebogene Kämme aussehen, können die Männchen bereits wenige Moleküle diese „Parfüms" wahrnehmen und gehen dann auf die Suche nach dem Weibchen. Kurz nach der Begattung stirbt das Männchen. Das Weibchen legt die besamten Eier ab und stirbt ebenfalls kurze Zeit später. In den Eiern entwickeln sich innerhalb weniger Tage Larven. Sobald sie geschlüpft sind, beschäftigen sie sich ausschließlich mit dem Fressen. Während ihres Wachstums müssen sie mehrmals ihr Außenskelett, die Chitinhülle abstreifen. Sobald sie eine bestimmte Größe ereicht haben, beginnen sie, sich mit Hilfe ihrer Spinndrüsen an ihrer Unterlippe einen Seidenkokon zu bauen: ein zierliches Geflecht aus mehreren Schicht von Seidenfäden (vgl. Abbildung).

Abb.: Seidenkokon der Puppe des Seidenspinners. Der Gesamtkokon wiegt etwa 0,2 g; ein Viertel, also 50 mg, sind als Textilfaser nutzbar.

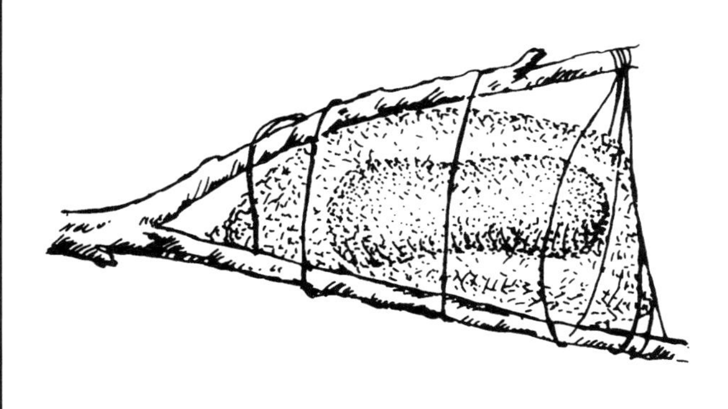

Abb.: Seidenspinner

Im Kokon verwandelt sich die Raupe zu einer Puppe, die nun geschützt vor Fressfeinden die vollständige Umgestaltung ihres Körpers in einen Falter vollziehen kann.

Aufgaben:

1. Beschreibe den Lebenslauf der Seidenspinner mit Hilfe einer Skizze!
2. Welche Aufgabe erfüllt die Seide unter natürlichen Bedingungen?

3.1. An welchen Stellen des Lebenslaufs des Seidenspinners greift der Mensch ein, um Seide gewinnen zu können?

3.2. Berechne, wie viel Seidenspinnerkokons für die Herstellung einer Bluse mit einem Gewicht von ca. 100 g benötigt werden!

4. Informiere dich in Nachschlagewerken über die Herstellung von Seide als Textilfaser!

III./M 2	Menschen nutzen die Tätigkeit der Bienen	Materialgebundene AUFGABE

Arbeitsmaterial:

Der Lebenslauf einer Biene

1. Die Bienenkönigin hat eines von insgesamt 150.000 Eiern in eine Wachszelle des Bienenstocks gelegt. Aus dem Ei schlüpft nach drei Tagen eine Made, die im Laufe der nächsten 6 Tage durch die gute Versorgung von Stockbienen ihr Ausgangsgewicht um das Tausendfache vermehrt hat. Dann verwandelt sie sich in eine Puppe.
2. Nach einer Puppenzeit von 12 Tagen schlüpft die Arbeitsbiene. Etwa 10 Tage lang ist sie im Stock als „Putzhilfe" tätig.
3. Weitere 10 Tage baut sie aus eigenem Wachs Zellen, nimmt den älteren Trachtbienen den Nektar ab, versetzt ihn weiter mit Enzymen (Verdauungsflüssigkeit), lagert ihn in Zellen ab und befächelt die Zellen, damit der Wassergehalt des Vorhonigs sinkt. Aus 3 g Nektar werden so 1 g Honig. Außerdem stopft sie Pollen, den die Trachtbienen herbeibringen, in bestimmte Zellen als Nahrung ein, arbeitet als „Kinderfrau" und versorgt die Königin.
4. Die letzten zehn Tage ihres Lebens sammelt die Arbeitsbiene Nektar. Dabei fliegt sie mit einer Geschwindigkeit von etwa 30 km/h und sammelt im Laufe eines Tages – bei schönem Wetter – etwa 0,06 g Nektar. Ein starkes Bienenvolk besteht aus etwa 50.000 Arbeiterinnen, von denen die Hälfte Nektar und Pollen sammelt.

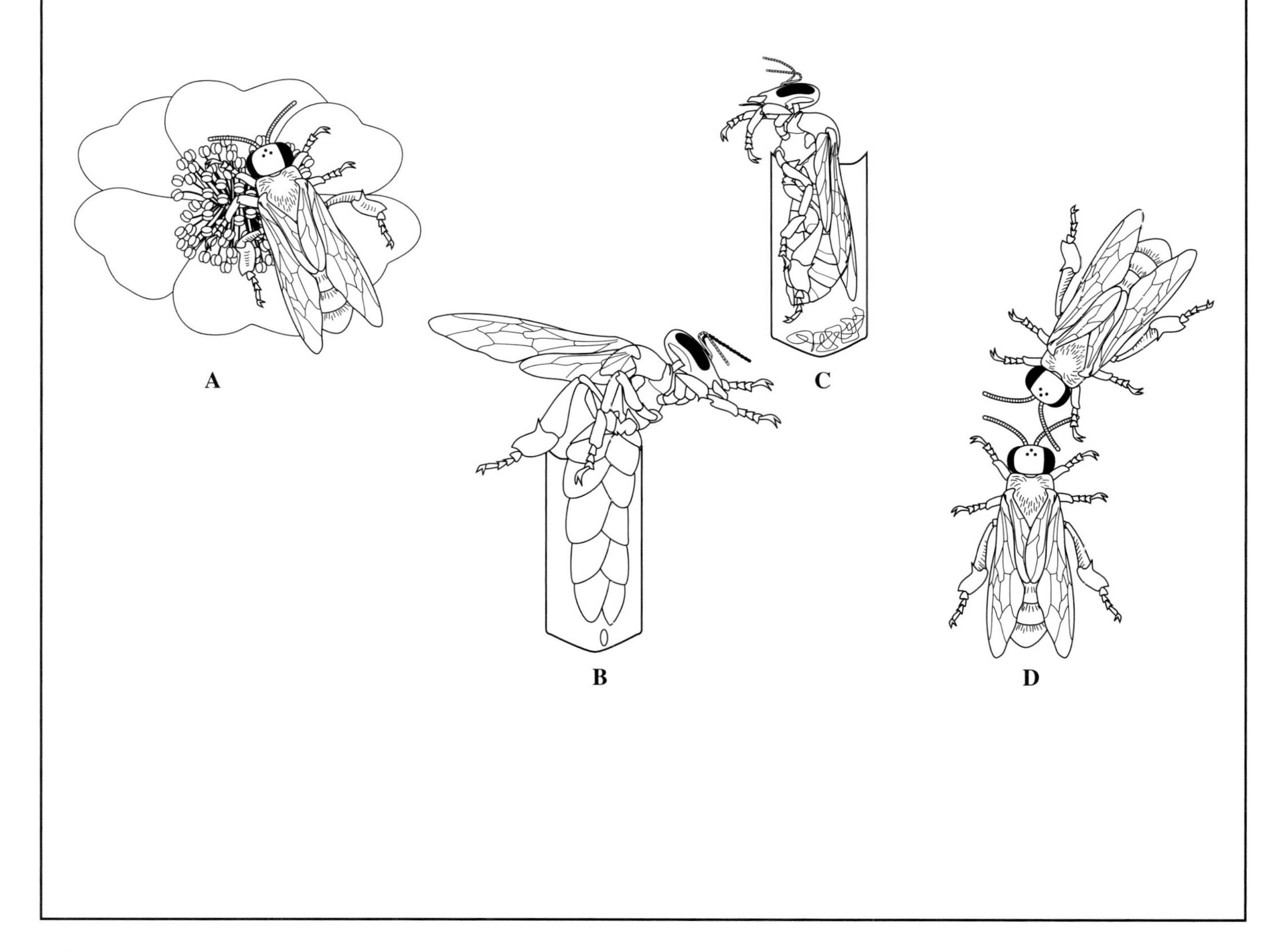

Aufgaben:

1. Ordne die Abbildungen dem Text zu!
2. Schneide die Abbildungen aus und klebe sie auf eine Zeitleiste in dein Heft!
3. Welche Tätigkeiten der Biene nutzt der Mensch?
4. Berechne: Wie viel Nektar sammelt ein Bienenvolk an einem Tag und wie viel Honig wird daraus?

III./M 3	Wie entsteht Honig?	Materialgebundene AUFGABE

Arbeitsmaterial:

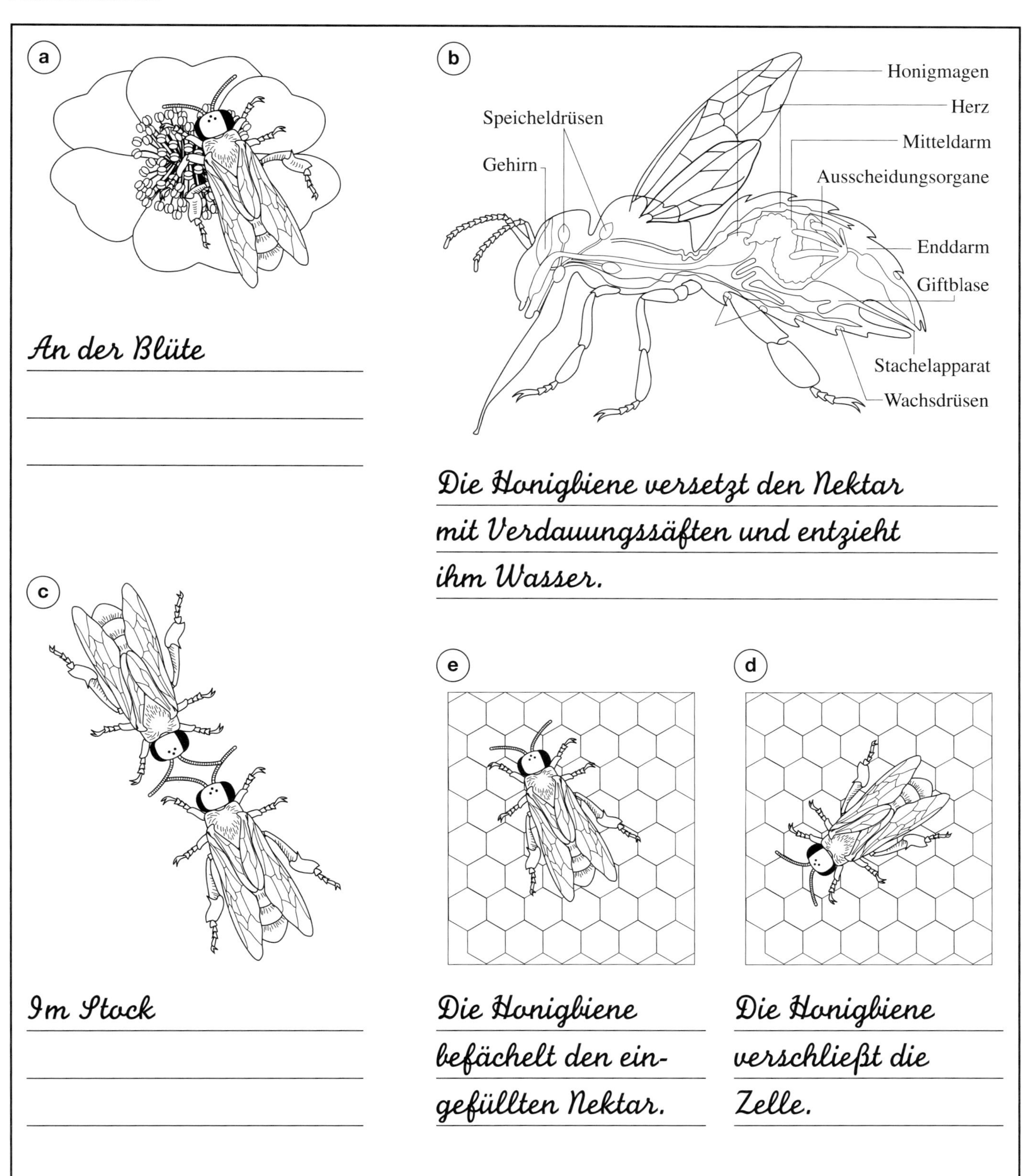

Aufgaben:

1. Ergänze die Texte in den Abb. a und c und die Abbildungen in d und e!
2. Erläutere den Vorgang der Honigherstellung mit eigenen Worten!

III./M 4	Funktion der Regenwürmer im Garten	Materialgebundene AUFGABE

Arbeitsmaterial:

Mehr als ein lebender Schlauch

„Sie bereiten den Boden in einer ausgezeichneten Weise für das Wachsthum der mit Wurzelfasern versehenen Pflanzen und für Sämlinge aller Arten vor. Sie exponieren die Ackererde periodisch der Luft und sieben sie so durch, das keine Steinchen, welche gröszer sind als die Partikel, die sie verschlucken können, in ihr übrig bleiben. Sie mischen das Ganze innig durcheinander, gleich einem Gärtner, welcher feine Erde für seine ausgesuchtesten Pflanzen zubereitet."
(aus: Charles Darwin: Die Bildung der Ackererde … 1882)

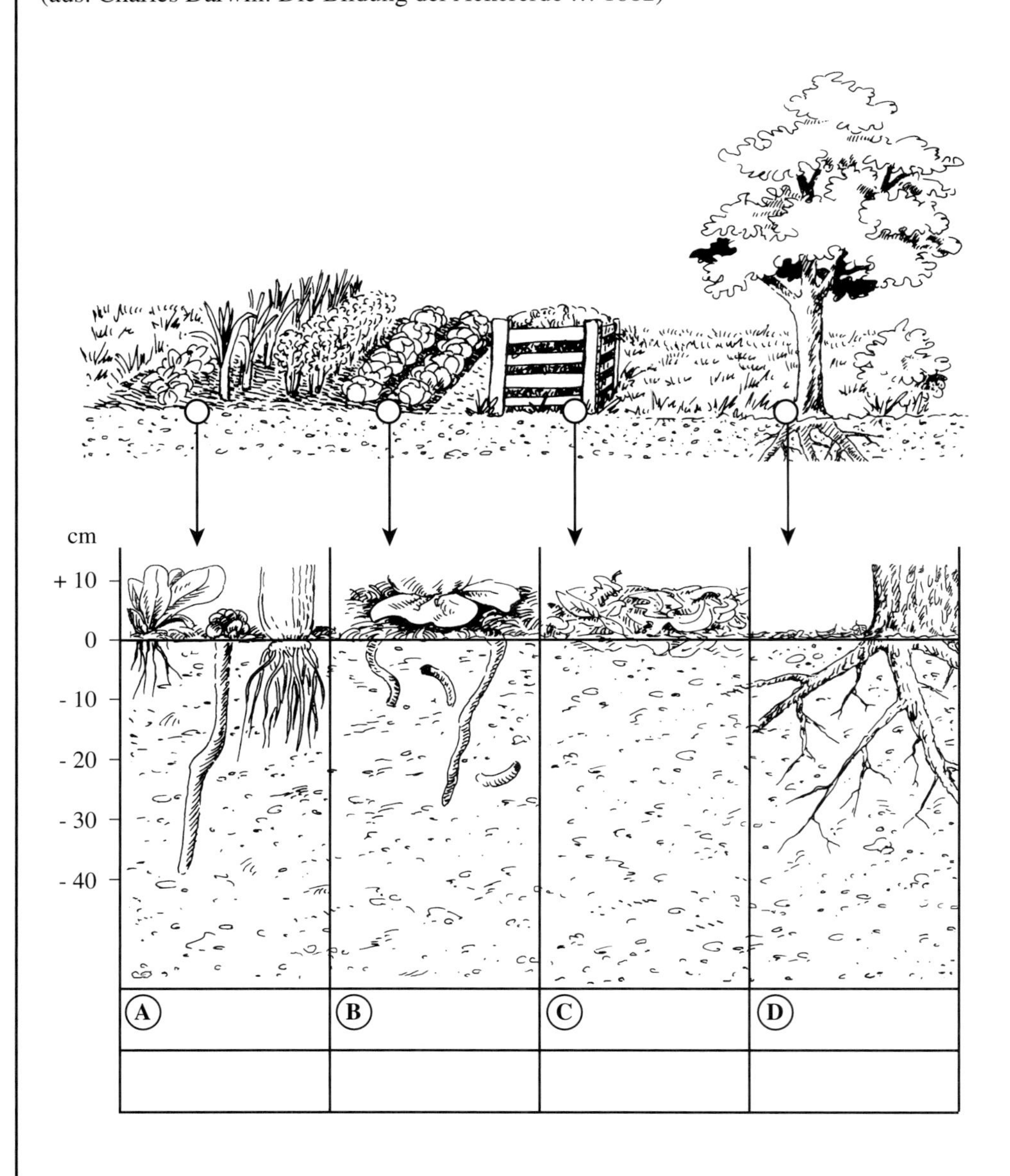

Die Würmer:

1 *Allolobophora caliginosa* (Gemeiner Regenwurm, Feld- oder Wiesenwurm) 5 bis 20 cm lang. Körperfarbe gräulich. Lebt hauptsächlich im Wurzelbereich der Pflanzen und kommt nicht an die Oberfläche.

2 *Lumbricus rubellus (Rotwurm)* Höchstens 12 cm lang, durchgehend rot gefärbt. Lebt unter Blättern versteckt unmittelbar unter der Oberfläche.

3 *Lumbricus terrestris (Tauwurm)* Größter einheimischer Regenwurm. 12 bis 30 cm lang. Vorderende oft rötlich pigmentiert, Hinterende blass. Kommt in Wiesen und Gärten vor, ist vor allem nachts aktiv.

4 *Eisenia foetida (Mist- oder Kompostwurm)* 4 bis 14 cm lang, rötlich gefärbt mit gelben Furchen zwischen den Ringeln. Lebt in Mist- und Komposthaufen. Riecht unangenehm.

Die Lebensräume:

A Wiesen und Gärten: Ober- und Unterboden
B Unter Blättern an der Oberfläche
C Komposthaufen
D Wurzelbereich der Pflanzen

Aufgaben:

1. Um welches Tier handelt es sich im Text? Besorge dir ein Exemplar und beschreibe seinen Körperbau mit Hilfe von Zeichnungen!
2. Welche Vorteile bieten diese Tiere dem Menschen? Zähle auf und erläutere!
3. Ordne aufgrund der Beschreibung die verschiedenen Arten den entsprechenden Lebensräumen zu und notiere den Lebensraum in der Zeichnung!
4. Warum sind die verschiedenen Formen an verschiedenen Orten zu finden? Formuliere Vermutungen!
5. Mit welchen Experimenten könnten deine Vermutungen überprüft werden?

III./M 5	Insekten zum Essen?	Materialgebundene AUFGABE

Arbeitsmaterial:

A Aus einem Kochbuch von 1884:
„Man nehme:
30 Maikäfer, des Morgens frisch gesammelt, überbrühe man kurz mit kochendem Wasser. Nach Entfernen von Kopf, Flügel und Beinen brate man sie wenige Minuten in 40 g Butter. Danach lösche man mit 1 l Gemüsebrühe, lasse sie noch etwa 10 Minuten leise köcheln und füge nach gusto Salz und Pfeffer hinzu. Der Suppe, welche in ihrem Geschmack einer Krebssuppe ähnelt, kann man noch täuschender den Krebsgeschmack geben, wenn man einige Krebsschwänze hinzuthut. Zum Servieren verziere man die Suppe mit einem Esslöffel geschlagener Sahne und gehackter Petersilie. Guten Appetit!"
(verändert nach: Charlotte Böttcher, Kraft und Stoff. 1884)

B Raupen verschiedener Schmetterlingsarten werden von Pygmäen und Volksstämmen Zentral- und Ostafrikas, Heuschrecken in den Oasen der Sahara, Raupen des Bogongfalters *(Euxoa infusa)* in Australien, Käfer und Käferlarven der verschiedenen Familien werden in aller Welt verzehrt. Termitenköniginnen gelten als Delikatesse. In Vietnam verspeist man auch heute zu Hause vor dem Fernseher oder im Restaurant in Milch und Fett gekochte Wespenlarven und Reis mit Ameisenpuppen.

C Ausschnitt aus einem assyrischen Relief, auf dem ein Bankett dargestellt ist. Zum Rösten vorbereitete Heuschrecken werden hereingetragen. Palast des Sanherib in Ninive, um 700 v. Chr.

Aufgaben:

1. Stelle am Beispiel von Johannes dem Täufer fest, wie ein Mensch vor 2000 Jahren in der Wüste überleben konnte! Informiere dich dazu im neuen Testament, Matthäus 3,4!
2. Naturvölker ernähren sich auch heute noch von bestimmten Insektenlarven und Insekten (z. B. gebratenen Heuschrecken).
   2.1 Welche für die Ernährung des Menschen wichtigen Stoffe sind in Insektenlarven und Insekten enthalten?
   2.2 Worauf muss man bei dem Verzehr von Insekten achten?
3. Suche in Kochbüchern nach Rezepten, in denen wirbellose Tiere zu Speisen verarbeitet werden! Stelle fest, zu welcher Tiergruppe sie gehören!

III./M 6	Muscheln- Kläranlagen im Kleinformat	EXPERIMENT

Arbeitsmaterial:

Versuchsprotokoll

Thema: Untersuchung einer Muschel

Material und Geräte: Frische Muscheln aus dem Fischgeschäft, vom Lehrer zum Öffnen vorbereitet; Schere; Skalpell; Petrischale

Durchführung:

Präpariere eine Muschel in folgender Weise: Trenne mit einer kräftigen Schere die beiden Schalenklappen am Scharnier voneinander. Durchtrenne dann vorsichtig mit dem Skalpell die Schließmuskel und hebe die oben liegende Schale ab.

Sachinformation:

Die meisten Muscheln ernähren sich als Filtrierer von im Wasser schwebenden Teilchen (Algen, abgestorbene Pflanzenteile, Einzelle, Bakterien), die etwa ein tausendstel bis ein zwanzigstel Millimeter groß sind.
Das durch die Einströmöffnung gestrudelte Wasser enthält neben diese Teilchen auch gelösten Sauerstoff. Das nahrungs- und sauerstoffreiche Wasser gelangt vom Hinterende des Körpers zwischen die beiden zweilappigen Kiemen, die in die Mantelhöhle des Tieres hineinragen. Dort wird dem Wasser von den Kiemen der Sauerstoff entzogen. Winzige Flimmerhärchen transportieren ähnlich wie in den Bronchien unserer Lunge auf einer Schleimstraße die Partikel an den Kiemen entlang nach vorn zur Mundöffnung. So kann die Muschel durch den von ihr erzeugten Wasserstrom durch die Mantelhöhle atmen wie auch sich ernähren. Das Wasser, welches die Mantelhöhle durch die Ausströmöffnung verlässt, ist reich an ausgeatmetem Kohlenstoffdioxid und arm an Schwebteilchen. Ab und zu reinigt die Muschel ihre Mantelhöhle und stößt dabei nicht verwendete Klümpchen, die zu Boden sinken, wieder aus.

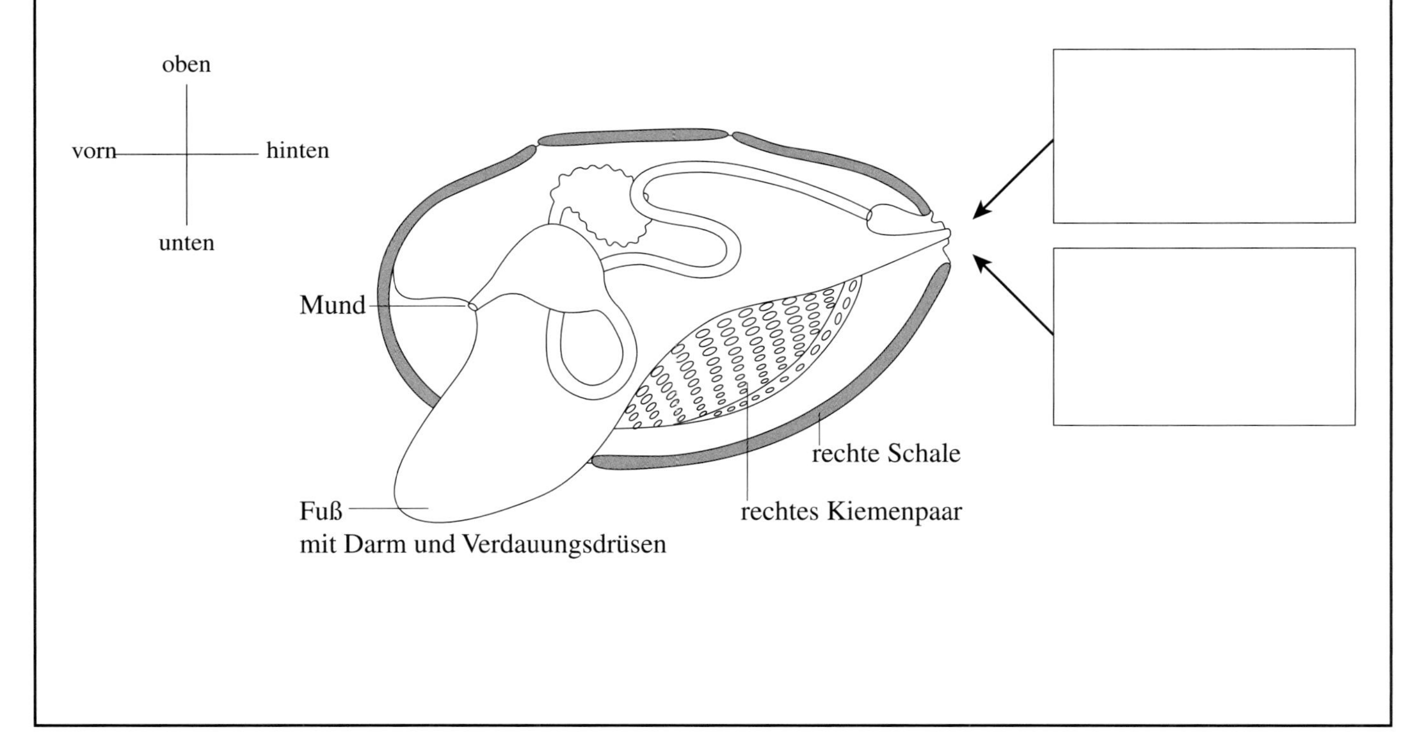

Aufgaben:

1. Vergleiche dein Präparat mit der Zeichnung (s.o.) einer Teichmuschel! Stelle die Ähnlichkeiten und Unterschiede fest!
2. Ergänze die Zeichnung, indem du die Angaben im Text durch Pfeile und Stichworte in die Zeichnung einfügst!
3. Stelle fest, wie sich die Verhältnisse in einem Teich ändern, wenn der Muschelbesatz zurückgeht oder zerstört wird (z.B. durch Anreicherung von Giftstoffen im Körper der Muscheln)!

III./M 7	Menschen nutzen Insekten	Materialgebundene AUFGABE

Arbeitsmaterial:

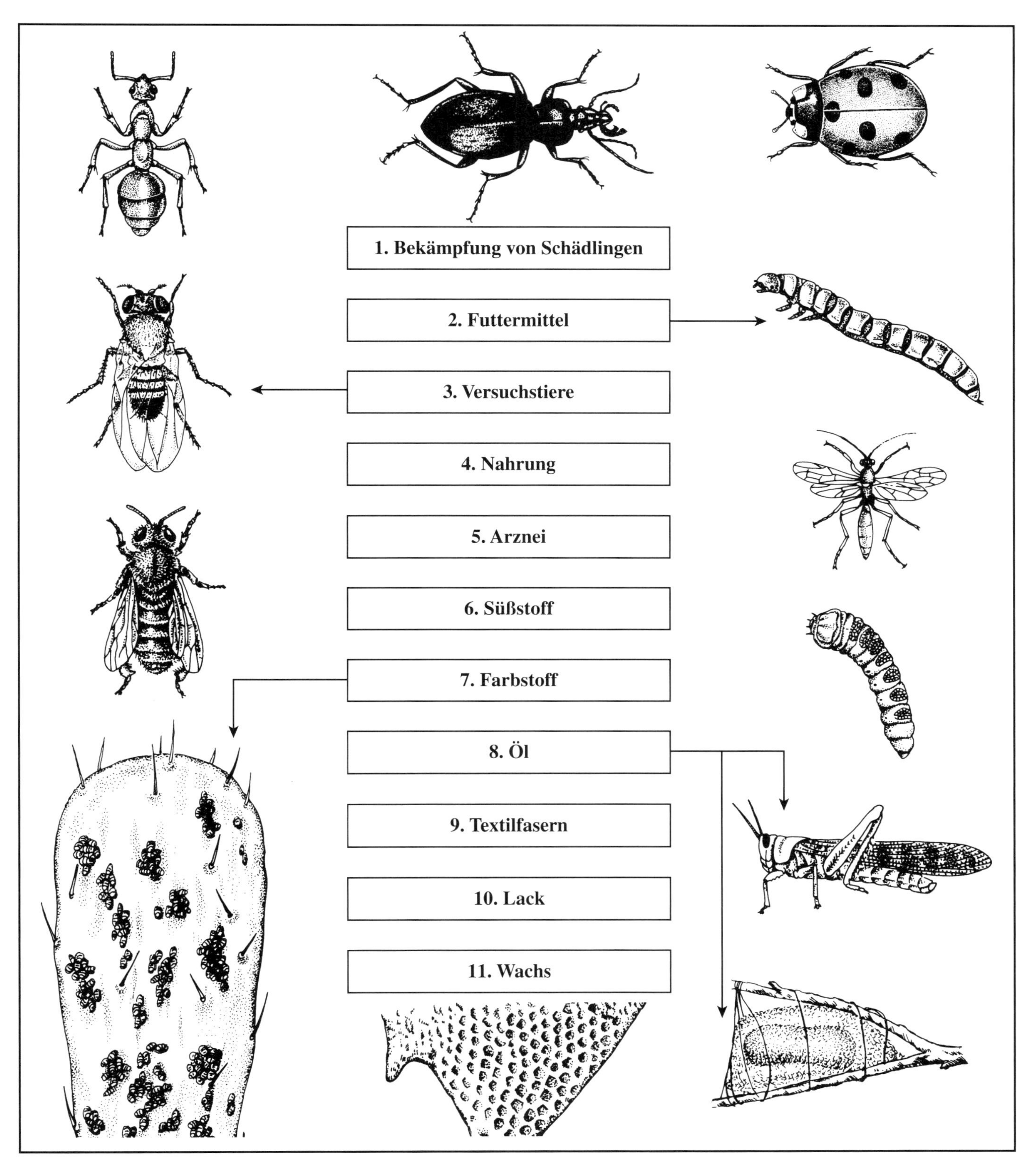

Aufgaben:

1. Ergänze die Zusammenstellung durch Angabe von weiteren Pfeilen!
2. Ergänze die Zusammenstellung durch Zuordnung weiterer Insekten zu den Nutzungsformen!
3. Informiere dich in Nachschlagewerken (bzw. Internet) über die Nutzungsformen, die du bisher nicht gekannt hast!

III./M 8	Tödliche Konkurrenz	Materialgebundene AUFGABE

Arbeitsmaterial:

Aus dem Logbuch der isländischen Fregatte Geysir

Kap Farvel, Grönland, 15. August 1508
Der Auftrag des Königs, Kontakt zu den aus Island stammenden Normannen auf Grönland herzustellen, ist nicht gelungen. In den 2 Siedlungsgebieten standen zwar noch die Gebäudereste von etwa 250 Höfen, 16 Kirchen und 2 Klöstern in mehr oder weniger guter Verfassung. Wir fanden jedoch keine lebende Seele. Die Gräber, die von den letzten Bewohnern angelegt worden sein müssen, deuten auf die völlige Entkräftung der Menschen hin. Einige Skelette fanden wir in den Häusern. Der Schiffsarzt vermutet, dass die Menschen verhungert sind.
An einigen windgeschützten Stellen fanden wir riesige Mengen von Puppenhüllen eines Schmetterlings, der den Forschern als „Graue Heidelbeereule“ bekannt ist. Wir wissen, dass er sich manchmal so stark vermehrt, dass in manchen Gegenden keine Pflanzen für das Vieh übrig bleiben. Dann ist es eine schwere Zeit für die Menschen. Gott schütze die armen Seelen, die vor der Katastrophe nicht ausweichen konnten!

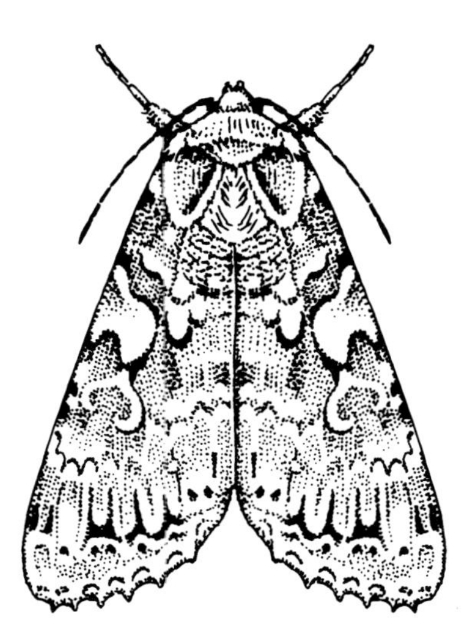

Abb.: Die große Heidelbeereule. Das Tier ist heute selten und findet sich in Mooren und Kiefernwäldern, wo die Nahrung der Raupen, die Blätter von Heidelbeer- und Preißelbeerpflanzen, anzutreffen sind.

Aufgaben:

1. Was war wohl im 14. und 15 Jahrhundert auf Grönland mit den Normannen geschehen?
2. Unter welchen Bedingungen könnten die Grauen Heidelbeereulen, harmlose Pflanzenfresser, den Normannen gefährlich geworden sein?
3. Nenne Beispiele, aus denen deutlich wird, dass Menschen durch wirbellose Tiere um ihre Nahrung gebracht werden können!

III./M 9	Ungebetene Gäste im Obst	Materialgebundene AUFGABE

Arbeitsmaterial:

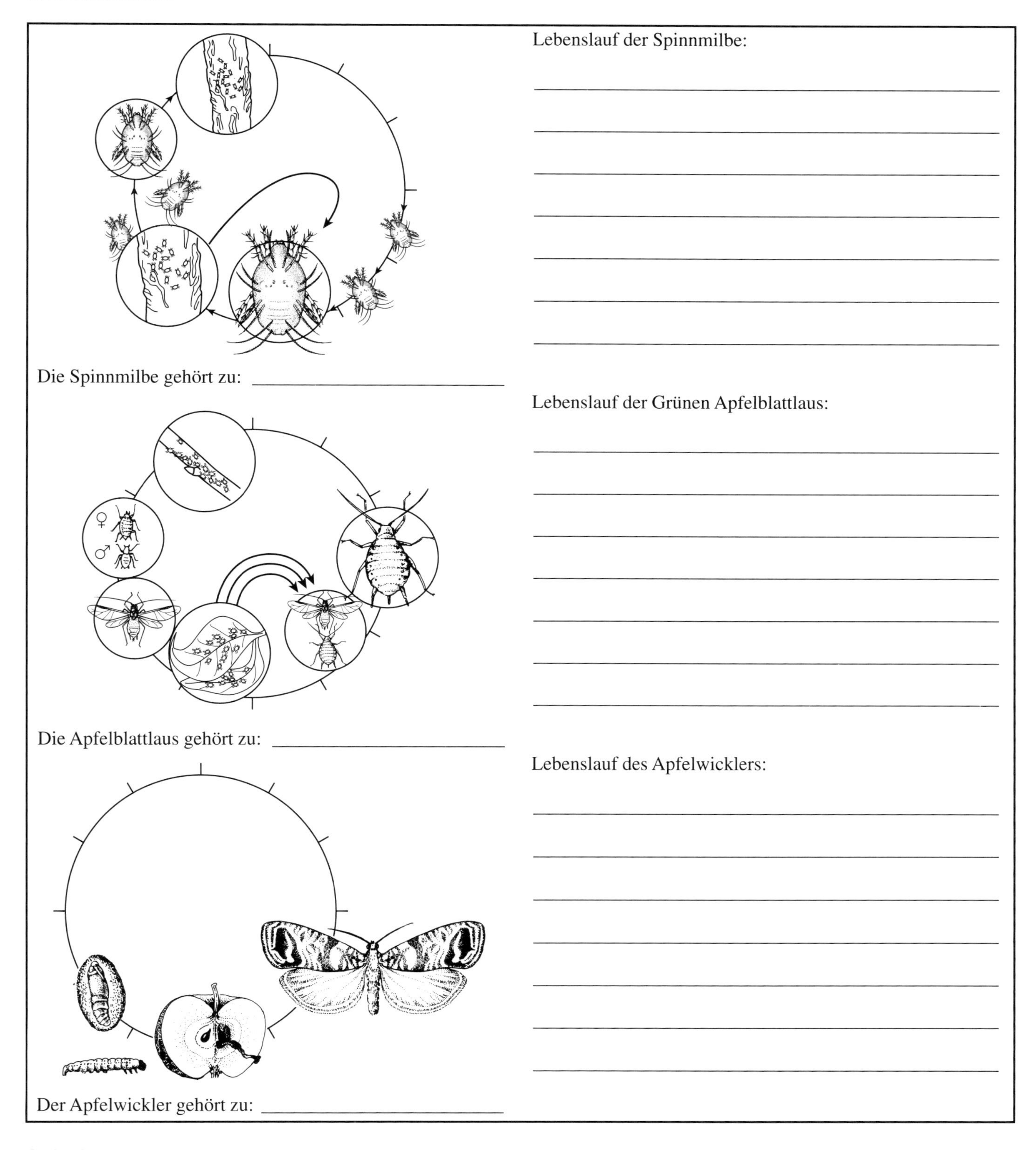

Aufgaben:

1. Beschreibe den Lebenslauf der gezeigten Tiere!
2. Stelle fest, zu welcher Tiergruppe sie jeweils gehören!
3. Suche – je nach Jahreszeit – an Obstbäumen nach diesen Tieren!
4. Erläutere, unter welchen Bedingungen diese Tiere als Konkurrenten des Menschen auftauchen!

III./M 10	Konkurrenten des Menschen im Obst- und Gemüsegarten	Materialgebundene AUFGABE

Arbeitsmaterial:

Die Konkurrentenliste (Auszüge):

1. *Laspeyresia pomonella L.*, 2 cm Flügelspannweite, Vorderflügel aschgrau mit schwarzbraunen Querstreifen. Nachtaktiv, Flugzeit Mai bis Juli. Weibchen legt Eier an die jungen Früchte. Nach 7 bis16 Tagen schlüpft die Raupe und bohrt sich in die Frucht. Nach 4 Wochen verlässt die Raupe die Frucht und verpuppt sich in der Borke des Baumstamms.
2. *Rhagoletis cerasi L.*, eine schwarzgelb gefärbte Fliege, ist etwa 4 bis 5 mm groß. Flügel mit dunkelbraunen bis schwarzen Querstreifen. Die Fliegen schlüpfen Mai / Juni aus der Puppenhülle. Sie fliegen langsam und lassen sich leicht fangen. Das Weibchen legt an die Frucht jeweils ein Ei. Die schlüpfenden Maden ernähren sich vom weichen Fruchtfleisch, in den Stein dringen sie nicht ein. Die Früchte fallen nach einigen Tagen oder 1 bis 2 Wochen ab. Nach drei Wochen verlässt die Made die Frucht und verpuppt sich dicht unter der Erdoberfläche. Die Puppe überwintert.
3. *Deroceras agreste L.* trifft man häufig in Gärten. Das gelblich weiße Weichtier ernährt sich vorwiegend von Pflanzen, frisst aber auch Aas, Kot und abgestorbene Pflanzenteile wie auch Pilze, ist also ein Allesfresser. Sie können erheblichen Schaden anrichten. Ihr schleimiger Körper ist etwa 2 bis 3 cm lang. In warmen, feuchten Nächten sind sie besonders aktiv; sie fressen aber auch am Tag, unter Blättern verborgen.
4. *Psila rosae L.*, 4 mm lange glänzend schwarze Fliege mit gelben Beinen und braunem Kopf legt Anfang Juni ihre Eier an den Wurzelhals des Doldenblütlers. Über die feinen Haarwurzeln bohren sich die jungen Larven in die Hauptwurzel ein und verursachen stricknadelgroße, mit Kot gefüllte Fraßgänge.
5. *Operophtera brumata L.* legt seine Eier mit dem Einsetzen der ersten Nachtfröste. Das flugunfähige Weibchen klettert nach der Begattung durch das flugfähige Männchen auf die Bäume. Im Frühjahr schlüpfen mit der Entfaltung der Knospen, die bis zu 2,5 cm langen Raupen. Durch die Zerstörung der Knospen kann die Ernte völlig zerstört werden.
6. *Tetranychus urticae* befällt im Gewächshaus Zierpflanzen, Gurken und Stangenbohnen. Das mit den Spinnen verwandte Tier ist sehr klein (ca. 0,5 mm) und verfärbt sich zum Winter hin gelborange-rot. Die Tiere überwintern in Ritzen, Fugen oder herabgefallenen Blättern. Im August abgelegte Eier entwickeln sich Mitte April. Nach 7 bis 20 Tagen ist die Entwicklung abgeschlossen, sodass bis zu 5 Generationen durch den Sommer kommen. Jedes Weibchen legt insgesamt etwa 100 Eier. Die ausgewachsenen Tiere saugen Nährstoffe aus nicht zu kräftigen, weichen Blättern. Die Pflanzen werden dadurch stark geschwächt.

Die von Mensch und Tier genutzten Pflanzen:

a) Möhren, b) Kirschen, c) Apfelbäume, d) Salat, Spinat, Blumen usw., e) Apfel-, Birnen-, Pflaumenbäume und andere Obstbäume, f) Gurken und Bohnen

Aufgaben:

1. Ordne die beschriebenen Konkurrenten des Menschen den jeweiligen Nutzpflanzen zu!
2. Erläutere an drei Beispielen, wieso die zugeordneten Tiere eine Konkurrenz für den Menschen darstellen!

III./M 11	Zähne des Windes	Materialgebundene AUFGABE

Arbeitsmaterial:

a) Auszug aus dem Koran:

فَمَا نَحْنُ لَكَ بِمُؤْمِنِينَ ﴿١٣٢﴾
فَأَرْسَلْنَا عَلَيْهِمُ الطُّوفَانَ وَالْجَرَادَ وَالْقُمَّلَ
وَالضَّفَادِعَ وَالدَّمَ آيَاتٍ مُّفَصَّلَاتٍ فَاسْتَكْبَرُوا

134. Da sandten Wir über sie den Sturm und die Heuschrecken und die Läuse und die Frösche und das Blut – deutliche Zeichen –, doch sie betrugen sich hoffärtig und wurden ein sündiges Volk.

b) Informationstext:

Heuschrecken vermögen mit ihren kauend-beißenden Mundwerkzeugen auch derbe Pflanzenteile zu durchbeißen und zu zerkauen. Die weiten Sprünge vieler unserer einheimischen Heuschrecken können mit Hilfe der beiden Flügelpaare zu Flügen von mehreren Metern ausgedehnt werden. Die berüchtigten Wanderheuschrecken können ohne Unterbrechung Hunderte von Kilometern fliegen. Ein Exemplar der Wüstenwanderheuschrecke *Scistocerca gregaria* wiegt bei einer Länge von ca. 4 cm etwa 7 g. Während seiner Entwicklung bis zum erwachsenen Tier benötigt ein Individuum etwa 70 g Blätter und andere Pflanzenteile. Während seines Erwachsenen-Daseins (ca. 50 Tage) benötigt es auf seinen Wanderungen noch einmal etwa 140 g Pflanzenmaterial. Ein Schwarm der Wanderheuschrecke besteht aus 0,7 bis 2 Milliarden Tieren, manchmal bis zu 35 Milliarden Tieren.

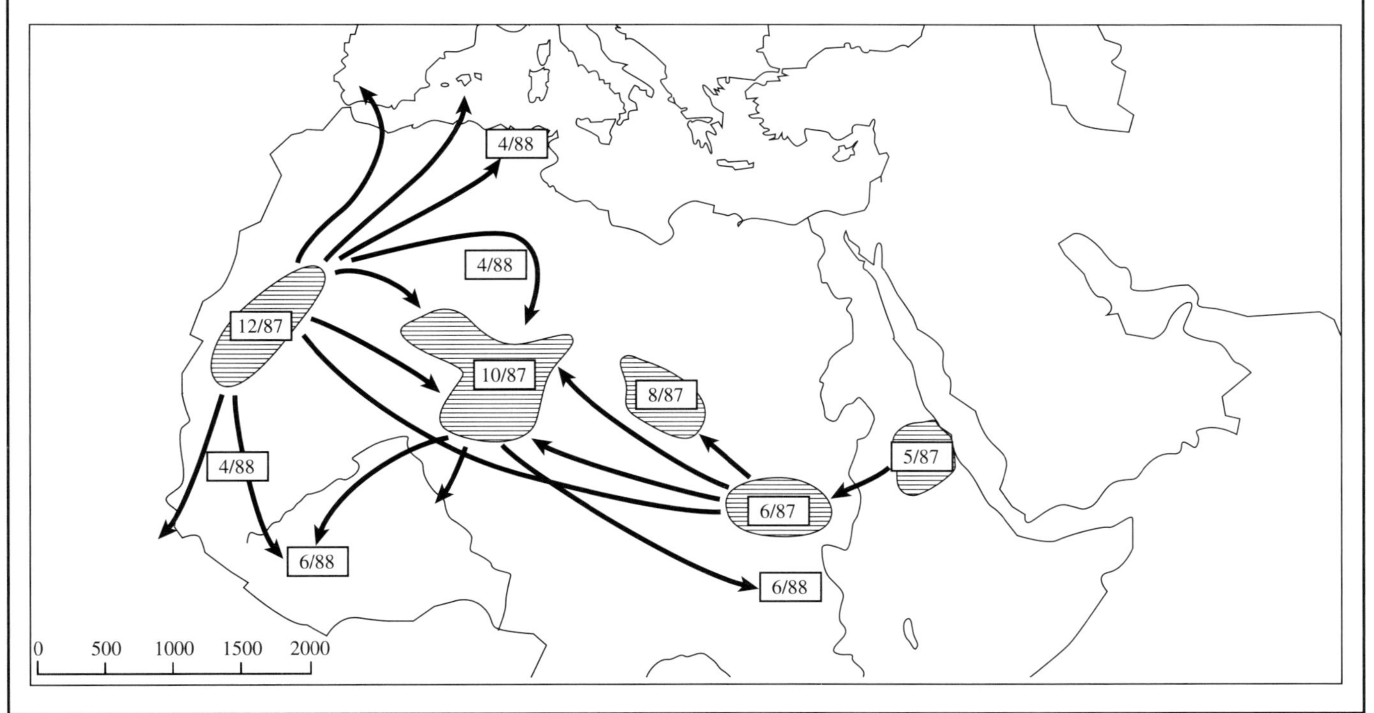

Aufgaben:

1. Fertige eine beschriftete Zeichnung einer Heuschrecke an!
2. Informiere dich darüber, wie Heuschrecken Laute erzeugen können!

3.1 Beschreibe die Aussage aus dem Koran mit eigenen Worten!

3.2 Beschreibe mit Hilfe der Karte und eines Atlanten den Weg der Heuschreckenschwärme in Afrika in den Jahren 1987 und 1988!

3.3 Informiere dich über die Entwicklung der Heuschrecken vom Ei bis zum erwachsenen Tier!

4. Wie viel Pflanzenmaterial vertilgt ein Heuschreckenschwarm von 5 Milliarden Tieren pro Tag? Was bedeutet das für die Vegetationsflächen in der Wüste bzw. Trockensteppe, auf denen etwa 45 kg Pflanzenmaterial auf 100 m^2 wachsen?

III./M 12	Urlaub in den Tropen	Materialgebundene AUFGABE

Arbeitsmaterial:

Es war ein richtiger Abenteuerurlaub gewesen. Tagsüber war Herr S. mit der Gruppe durch die Galeriewälder und Savannen am Volta gestreift, nach 18 Uhr, wenn es fast schlagartig dunkel geworden war, saßen sie gemeinsam auf der Terrasse des Hotels am Seeufer.

Die zwei Wochen waren viel zu schnell vergangen. Gestern hatte er die Bilder im PC bearbeitet, und heute nun wollte er sie seiner Clique zeigen. Doch daraus wurde nichts.

Schon 4 Stunden lang quälten ihn entsetzliche Kopf- und Nackenschmerzen. Tabletten halfen nichts. Dann kam das Fieber. Mit 40 °C Körpertemperatur, einem Puls von 140, Erbrechen, Durchfall und schon fast besinnungslos wurde er ins Krankenhaus eingeliefert.

Als das Fieber wieder fiel, war er völlig von Schweiß bedeckt. Nach 8 Stunden konnte er wieder einigermaßen klar denken und war entsetzlich müde. Die Diagnose des Arztes interessierte ihn kaum. Was sagt auch schon der Begriff „Malaria tropica"! Der Arzt sprach von großem Glück für ihn: Wäre die Krankheit an seinem Urlaubsort ausgebrochen, eine Tagesreise vom nächsten Krankenhaus entfernt, wäre er jetzt vielleicht nicht mehr am Leben.

Malaria-Risiko-Karte

Risiko:

hoch: (rot)
tropisches Afrika: insbes. Küstengebiete im östl. Kenia und Tansania; in Westafrika von Kamerun bis Guinea
Asien: Vietnam, Kambodscha, Laos und die grenznahen Gebiete von Nordthailand
Ozeanien: Neuguinea bis Vanuatu
Südamerika: Amazonasgebiet und die nach Norden angrenzenden Gebiete

mäßig: (blau)
Asien: Indien, Pakistan, südl. Thailand, Malaysia, Indonesien, Philippinen, China;
Mittelamerika: Mexiko (Yucatan und südl. Pazifikküste) Guatemala, Honduras, El Salvador, Nicaragua, Haiti, Dominikanische Republik, Costa Rica

niedrig: (grün)
Mittlerer Osten: Afghanistan, Iran, Irak, Arabien
Naher Osten: Südtürkei, Syrien
Afrika: Ägypten, Namibia, nördl. Südafrika (z. B. Krüger-Park, Nord-Botswana)

extrem niedrig: (gelb)
Afrika: Marokko, Tunesien, Algerien, Lybien
Großstädte in Südostasien sowie in Mittel- und Südamerika; Kuba

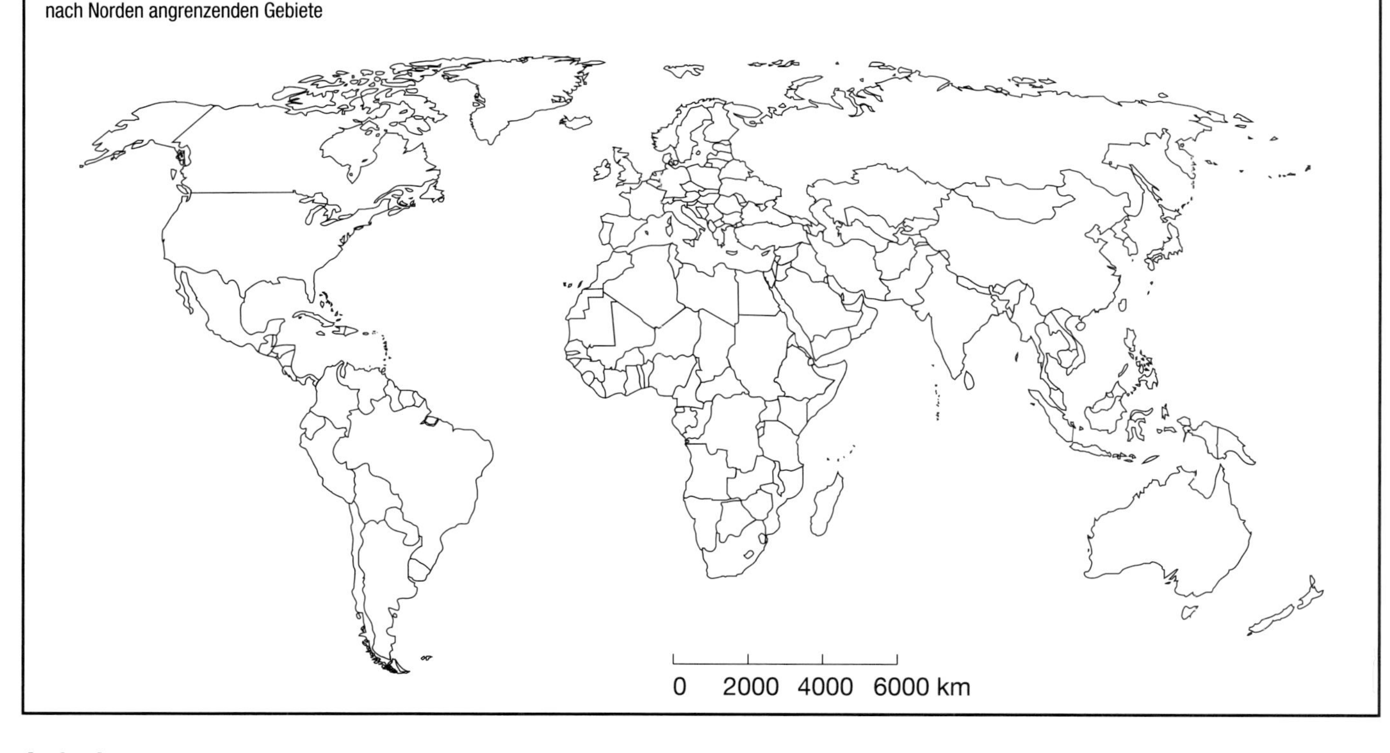

Aufgaben:

1. Zeichne in die Karte ein:
   a. den im Infotext genannten Urlaubsort,
   b. die Verbreitungsgebiete der Malaria mit ihrem unterschiedlichen Infektionsrisiko!
2. Stelle mit Hilfe der Angaben in der Karte fest, wie hoch das Risiko einer Infektion ist, wenn du
   a) nach Nordthailand,
   b) nach Madurai (Indien),
   c) Guatemala und
   d) nach Rio de Janeiro reisen würdest!

III./M 13	Übertragung und Weitergabe von Malariaerregern	Materialgebundene AUFGABE

Arbeitsmaterial:

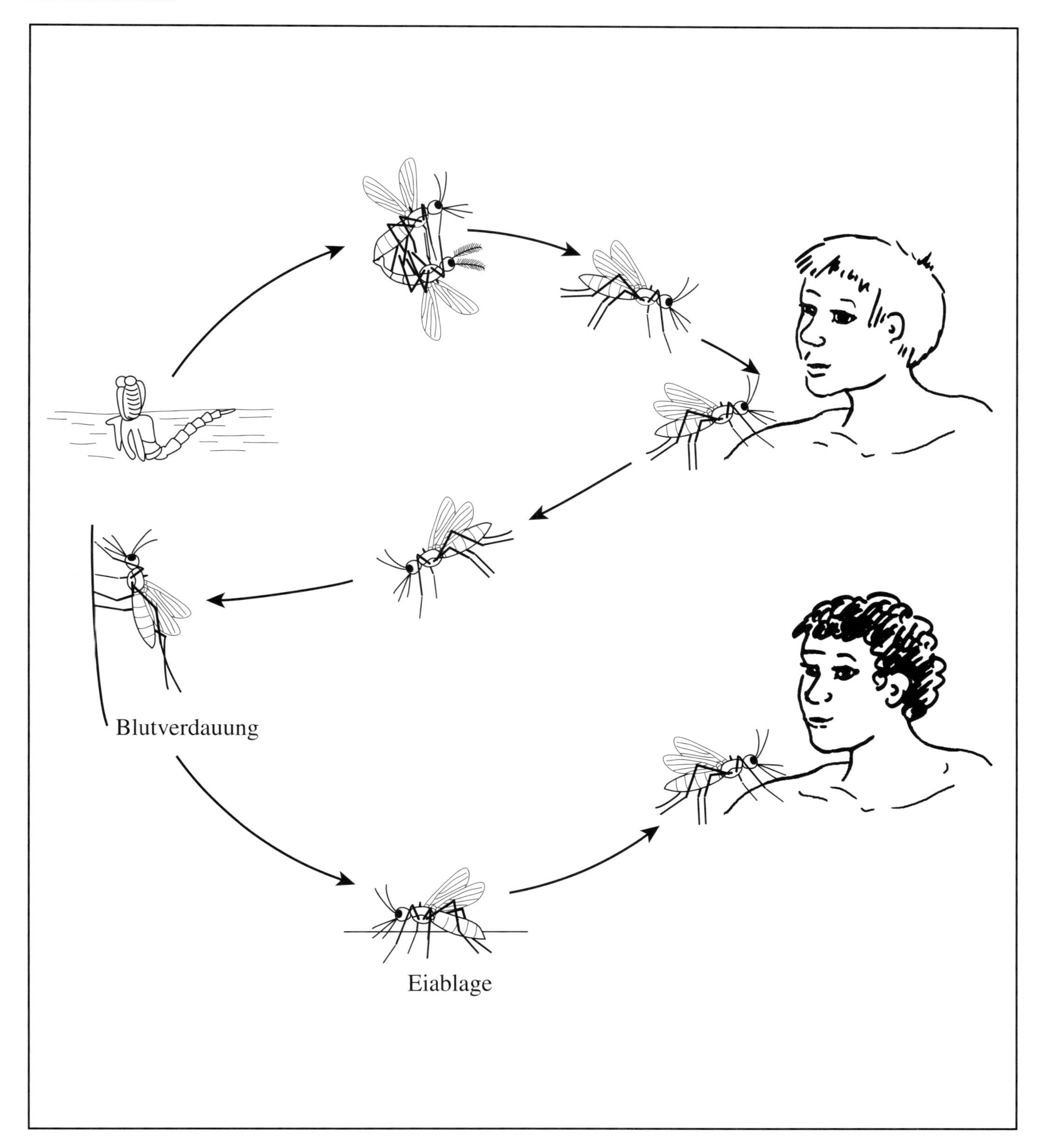

Aufgaben:

1. Beschreibe mit Hilfe der Abbildung, wie man sich mit dem Erreger der Malaria infizieren kann!

2.1 Stelle fest, wie man in den Malariagebieten die Verbreitung der Krankheit zu bekämpfen sucht!

2.2 Stelle fest (Apotheker, Hausarzt, Krankenkasse, Gesundheitsamt, Reisebüro), wie man sich persönlich vor einer Infektion schützen kann!

III./M 14	Wirbellose übertragen Krankheiten	Materialgebundene AUFGABE

Arbeitsmaterial:

1. Die Krankheiten:
(1) Malaria (Wechselfieber), (2) Gelbfieber, (3) Durchfall, (4) Amöbenruhr, (5) Hirnhautentzündung, (6) Lyme-Borreliose, (7) Pest, (8) Schlafkrankheit, (9) Bilharziose (einschl. Leber-, Darm- und Blasentumoren), (10) Rückfallfieber, (11) Flecktyphus (Fleckfieber)

2. **Die Überträger:**
a. Anopheles, b. Stubenfliege, c. Zecke, d. Rattenfloh, e. Tsetse-Fliege, f. tropische und subtropische Schnecken, g. Bettwanze, h. Laus, i. Aedes-Mücke

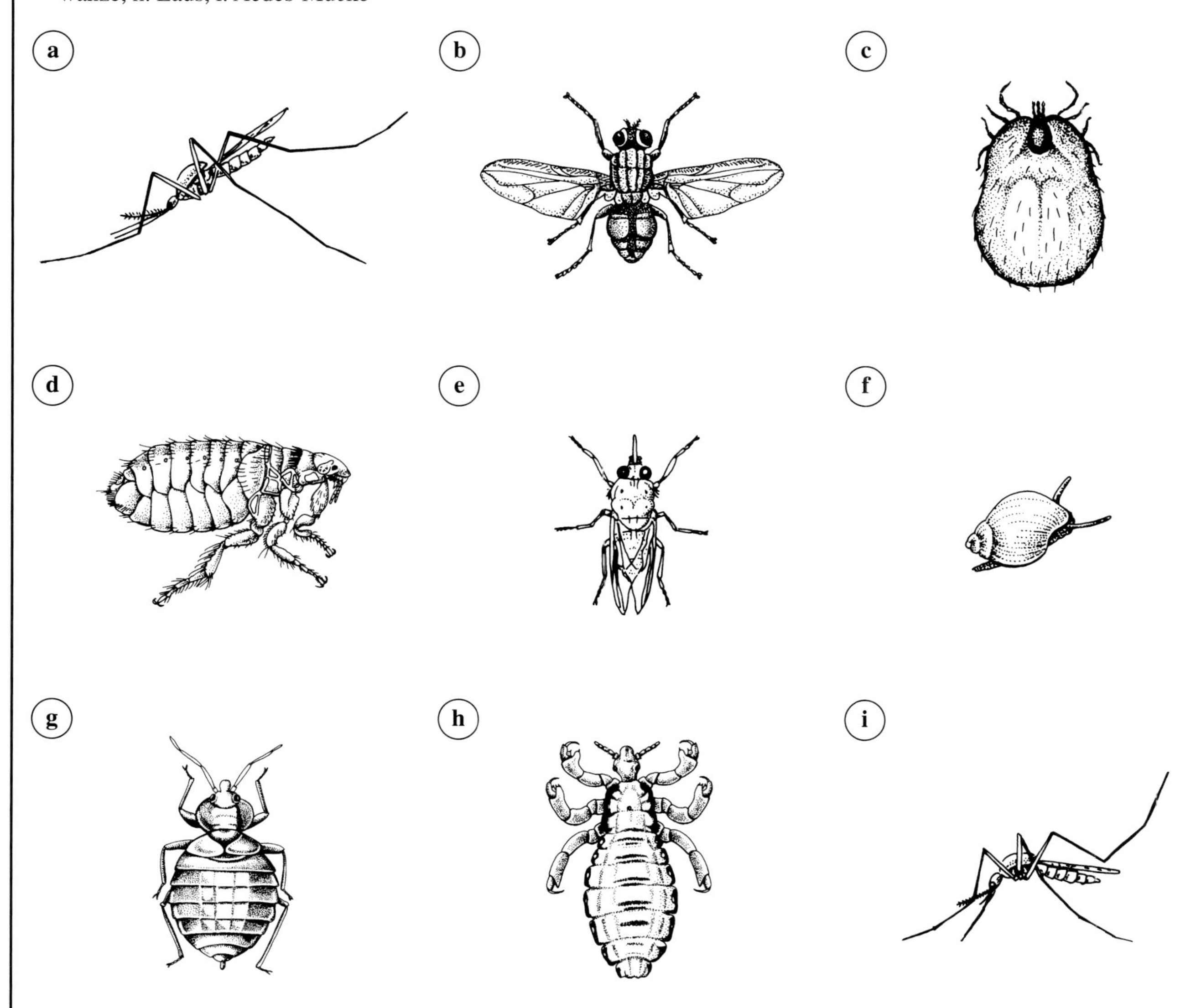

3. **Die Erreger:**
(k) Infektionsquelle Lebensraum Fluss/Bach/See/Teich/Tümpel/Pfütze (ungereinigtes Trinkwasser, Badewasser, Waschwasser), (l) Plasmodium (einzelliger Blutparasit), (m) Gelbfieber-Virus, (n) Enzephalomeningitis-Virus; (o) Borreliose-Bakterium; (p) Pestbakterium; (r) einzelliges Geißeltierchen Trypanosoma; (s) Schistosoma (Wurm), (t) Spirochaeten (Bakterien), (u) Rickettsie (bakterienähnlicher Organismus)

Aufgaben:

1.1 Stelle fest, zu welcher Gruppe von Wirbellosen die genannten Krankheitsüberträger gehören!
1.2 Was ist allen Erregern gemeinsam?
2. Ordne die beschriebenen Organismen und Krankheiten einander zu! Nutze dazu Lexika und das Internet!

III./M 15	Wer ist Wer? Drei Steckbriefe	Materialgebundene AUFGABE

Arbeitsmaterial:

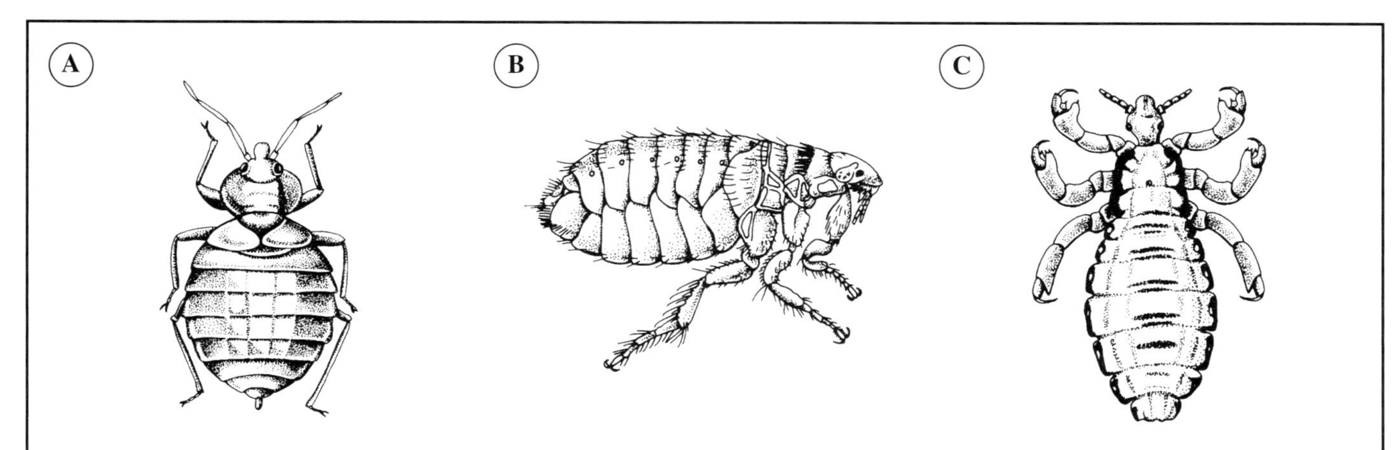

Entwicklungswege:

a. Das Weibchen klebt wiederholt 10 bis 100 Eier an den Untergrund, nachdem es Blut gesaugt hat. Je nach Temperatur schlüpfen nach 6 bis 20 Wochen die Larven. Diese werden mit jeder der 5 Häutungen den erwachsenen Tieren immer ähnlicher.
b. Das Weibchen legt die Eier in Spalten und Ritzen. Die Eier entwickeln sich bei hoher Luftfeuchtigkeit und Temperatur zu beinlosen, madenähnlichen Larven. Sie leben auf dem Boden und ernähren sich von Hautschuppen, Abfällen und dem Kot der Eltern. Die Larve verwandelt sich nach 2 Häutungen zu einer Puppe in einem Kokon. Sie schlüpft am Ende ihrer Entwicklung bei Erschütterungen des Bodens, z.B. Schritten auf dem Fußboden. Das erwachsene Tier wird bis zu 30 Monate alt.
c. Die Eier werden mit wasserfestem Kitt an den Haaren des Wirts festgeklebt. Aus ihnen entwickeln sich bei etwa 30 °C Larven mit Klammerbeinen. Die Larven wachsen und häuten sich dabei mehrmals, bis sie zum Vollinsekt werden. Das Vollinsekt lebt etwa 3 Wochen.

Lebensräume:

I Die Tiere bevorzugen das Kopfhaar des Menschen hinter den Ohren, im Nacken und an den Schläfen.
II Die Tiere leben auf verschiedenen Warmblütern. Sie wechseln häufiger den Wirt.
III Die Tiere leben in nicht regelmäßig gereinigten Wohnungen des Menschen hinter Bildern, Fußleisten, losen Tapeten, Fußbodenritzen und Spalten. In der Dunkelheit suchen sie schlafende Menschen auf und saugen aus ihnen Blut.

Fluchtverhalten:

1. Bei Gefahr versteckt sich das Tier zwischen Haaren und Federn oder rettet sich durch weite Sprünge.
2. Bei Gefahr verkriechen sich die Tiere in den Haaren und halten sich an den Haaren mit den Klammerfüßen.
3. Bei Gefahr verkriechen sich die Tiere im Dunkeln.

Möglichkeiten der Vorbeugung:

d. Sauberkeit und regelmäßiges Reinigen der Wohnung
e. Körper sauber halten durch regelmäßiges Waschen
f. Körper sauber halten, Haare regelmäßig waschen, bei Verdacht Haare absuchen

Möglichkeiten der Bekämpfung:

g. Bekämpfungsmittel aus der Apotheke; Wäsche waschen oder längere Zeit (mindestens 3 Wochen) möglichst warm lagern
h. fangen und töten, Kleidung wechseln, Kleidung waschen
i. Wohnräume gründlich säubern, Ritzen, Spalten etc. aussaugen und schließen

Aufgaben:

1. Benenne die Tiere!
2. Fertige mit Hilfe des Materials drei Steckbriefe an! Gehe dabei nach dem üblichen Muster vor:
   Überschrift: „WANTED“; Bild, Lebensraum, Fluchtverhalten, Entwicklung, Vorbeugung, Bekämpfung!

III.2.3 Lösungshinweise zu den Aufgaben der Materialien

III./M 1

1. Skizze unter Angabe der Entwicklungsstadien Ei – verschiedene Raupenstadien – Puppe mit Kokon – Schmetterling
2. Schutz vor klimatischen Einflüssen und Fressfeinden, Tarnung.
3.1 Puppenruhe: Umwandlung des Raupenstadiums in den Schmetterling
3.2 Bei 30 mg/ Kokon nutzbarer Seide werden mindestens 3.300 Raupen benötigt.
4.Erhitzen der Kokons mit den Puppen in einem Dörrofen, dadurch Abtöten der Puppen. Einweichen der Kokons in heißem Wasser, Abbürsten der äußeren Seidenschicht (sog. Flockenseide), Abhaspeln des mittleren Seidenfadens zusammen mit 3 bis 20 anderen Fäden: Rohseide, wird dann zu verschiedenen Seidenarten weiterverarbeitet.

III./M 2

1. A4., B1., C2., D3
3. Folgende Tätigkeiten werden genutzt: Wachserzeugung, Nektarsammeln und Nektar verarbeiten, Honig lagern
4. Bei einem Bienevolk von 50.000 Arbeiterinnen sind etwa 25.000 Arbeiterinnen als Sammlerinnen tätig. Diese sammeln 25.000 x 0,06 g Nektar = 1,5 kg Nektar, aus dem 0,5 kg Honig werden.

III./M 3

1. Text (a): Biene saugt Nektar vom Blütenboden / von den Nektardrüsen, (c): Trachtbiene würgt Nektar aus Honigmagen, Stockbiene saugt mit dem Rüssel den Nektar in ihren Honigmagen und versetzt ihn mit weiteren Enzymen.

III./M 4

1. segmentaler Körperbau, in jedem Segment (von innen nach außen): feuchte Körperhaut mit Borsten, Ringmuskulatur, Längsmuskeln, Strickleiternervensystem, Ausscheidungsorgane, Darmabschnitt, Blutgefäße ober- und unterhalb des Darms, durch Ringgefäße miteinander verbunden. In bestimmten Segmenten weibliche und männliche Keimdrüsen.
2. Durchmischung des Bodens, Lockerung des Bodens, dadurch Belüftung; Anreicherung des Bodens mit Mineralstoffen durch Verdauungstätigkeit, durch diese Intensivierung der Stoff- und Energieflüsse im Boden Erhöhung der Tragfähigkeit des Bodens.
3. A3 / B2 / C4 / D1
4. Unterschiedliches Nahrungsangebot (Zusammensetzung der Nahrung)
Unterschiedlicher Zersetzungsgrad des Pflanzenmaterials
5 Regenwurmbeobachtungskästen mit verschiedenen Pflanzen (z. B. nach Zersetzungsgeschwindigkeit des Materials) und einer Regenwurmart bei sonst gleichen Versuchsbedingungen füllen. Feststellung der Vermehrungsrate
Alternativ: Gleichartige Nahrung und verschiedene Regenwurmarten

III./M 5

1. Der entsprechende Auszug heißt: „Er aber, Johannes, hatte ein Kleid von Kamelhaaren und um seine Lenden einen ledernen Gürtel; seine Speise aber waren Heuschrecken und wilder Honig."
Ob sich Johannes tatsächlich von Heuschrecken ernährte, ist umstritten, denn es könnte sich auch um die Früchte des Johannisbrotbaumes (Ceratonia siliqua L.) gehandelt haben: Im Hebräischen heißen Heuschrecken hagavim, Johannisbrotbäume haruvim
2.1 Eiweiß und Fett
2.2 Sie sollten keine giftigen oder unbekömmlichen Substanzen enthalten
3. Weichtiere (Weinbergschnecken, Tintenschnecken, versch. Muscheln)
Krebse („Krabben" und andere Garnelen, Hummer, Flusskrebs)

III./M 6

2. Muschel, Filtrierapparat, schematisch. Obere Schale entfernt

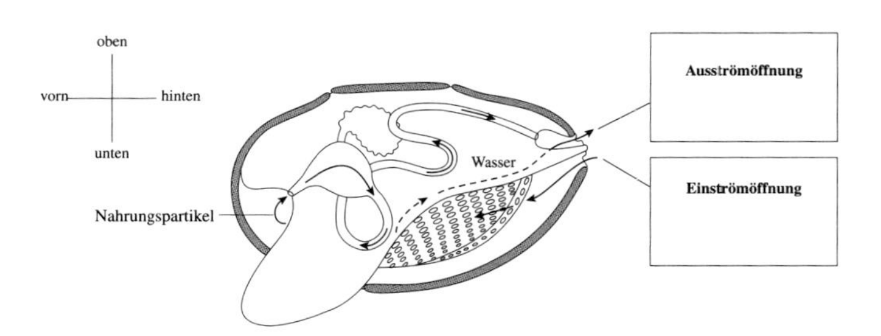

3. geringere Filterleistung führt zu einem höheren Schwebstoff- bzw. Planktonanteil. Weitere Entwicklungsmöglichkeiten:
a. höherer Planktonbesatz führt zu geringerem Lichteinfall und zurückgehender Photosyntheserate. Verstärkt Faulschlammbildung mit verstärkter Bildung von Faulschlammgasen. Gefährdung aller höheren Lebewesen.
b. andere Planktonfresser (Kleinkrebse, Fischlarven) vermehren sich stärker und bilden so eine sich verstärkende Nahrungsgrundlage für Konsumenten 2. oder höherer Ordnung.

III./M 7

1. Lösung s. Seite 79, oben quer
2. Bestäubung durch Insekten, Gerbstoffe von Gallen der Gallwespe.

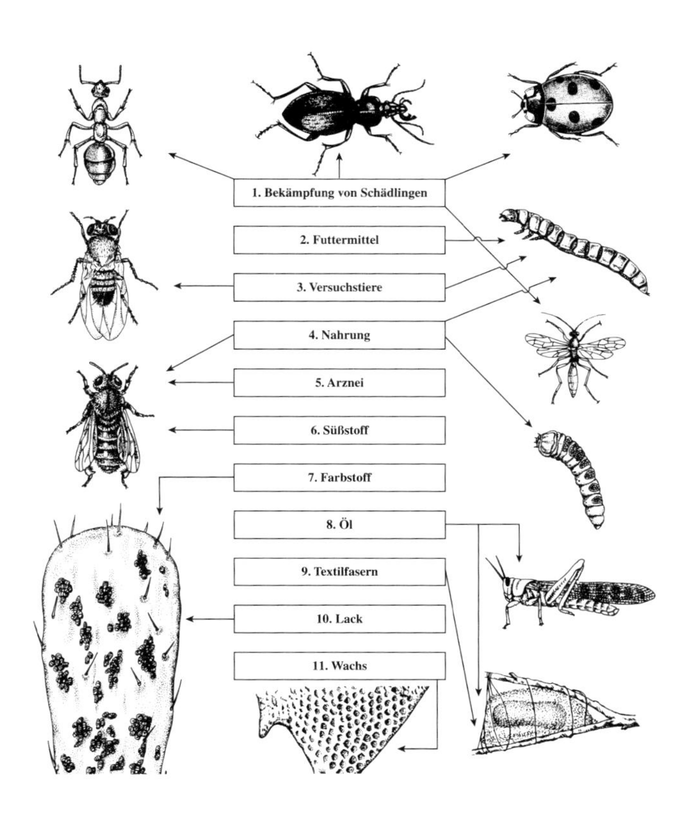

III./M 8

1.+ 2. Die Schmetterlingslarven hatten nach einer Massenvermehrung so viel Pflanzenmaterial aufgefressen, dass das Vieh verhungerte und danach die Menschen. In dem abgeschlossenen Gebiet konnte keine Hilfe von außen gerufen werden.
3. Wanderheuschrecken; Getreideschädlinge wie Reiskäfer, Mehlkäfer; Blattläuse an Nutzpflanzen

III./M 9

1. Entwicklungskreisläufe:
a. Spinnmilben: Überwinterung der Eier am Astholz, Larvalentwicklung von sechsbeinigen zu achtbeinigen Larven, Mai / Juni geschlechtsreif, Vermehrung durch Sommereier (6 bis 8 Generationen), ab Mitte August Ablage von Wintereiern am Astholz.
b. Grüne Apfelblattlaus: Überwinterung der Eier am Fruchtholz, Schlüpfen von ungeflügelten Stammmüttern, die unbegattet kurze Zeit später weibliche Jungläuse (geflügelt und ungeflügelt) lebend gebären. Diese vermehren sich ebenfalls parthenogenetisch. Geflügelte Blattläuse dienen der Verbreitung. Im Spätsommer bringen geflügelte Weibchen ungeflügelte Weibchen und Männchen hervor, Begattung, Ablage der Wintereier.
c. Apfelwickler: Eiablage Mai / Juni auf junge Früchte. Raupe schlüpft nach 7 bis 16 Tagen. Einbohren der Raupe in eine Junge Frucht, Schadfraß im Inneren. Nach 4 Wochen verlässt die Raupe den Apfel, verpuppt sich in Ritzen der Borke am Stamm. Überwinterung der Puppe. Schlüpfen der Falter im Frühling.
2. Spinnmilben: Spinnenartige; Grüne Apfelblattlaus: Blattläuse(Insekten); Apfelwickler: Schmetterlinge (Insekten)
4. Konkurrenz ist bei Massenvermehrung gegeben. Diese tritt nur unter bestimmten Bedingungen auf: Monokulturen, fehlende Räuber (z.B. Singvögel, durch Pestizide getötete Raubinsekten), besondere klimatische Bedingungen mit einhergehender Belastung oder Schwächung der Pflanzen, Schwächung der Pflanze durch Mangelernährung oder Krankheit (z.B. Infektion durch Pilze, Viren)

III./M 10

1. 1c (Apfelwickler), 2b (Kirschfruchtfliege), 3e (Nacktschnecke), 4a (Möhrenfliege), 5e (Frostspanner), 6f (Gemeine Spinnmilbe)
2. Sinngemäß wie Aufgabe 4 von III./M 2.2

III./M 11

1. Beschriftung: Fühler, Mundwerkzeuge, Facettenauge, Kopf, Brustabschnitt, Flügel, Sprungbeinpaar, Hinterleibsabschnitt
2. Lauterzeugung: Schrilleisten an der Oberkante der Vorderflügel werden gegeneinander gerieben.
3.2 s. Karte
3.3. hemimetabole Entwicklung / unvollständige Verwandlung: Die aus den Eiern schlüpfenden Larven haben große Ähnlichkeit mit den Imagines.
4. 5 Milliarden Tiere vertilgen pro Tag (140 g / 50) x 5 Milliarden = 14 Millionen kg / Tag. Bei der angegebenen Pflanzenmasse von 45 kg / 100m^2 (= 450.00 kg / km^2) kann dieser Schwarm täglich eine Fläche von 31 km^2 (= 3111 ha) kahl fressen. Die Fläche ist wahrscheinlich noch größer, da zum Pflanzenmaterial viele holzige Bestandteile zählen, die von den Heuschrecken nur begrenzt gefressen werden können.

III./M 12

2. a) hoch, b) mäßig c) mäßig, d) extrem niedrig

III./M 13

2.1. früher durch Trockenlegen von Sumpfgebieten und Ausbringen von DDT, heute durch DDT (ca. 50 %, trotz der Gefahr der Anreicherung über die Nahrungskette) und andere Insektizide sowie (versuchsweise) durch Ausbringen bestimmter Bakterien, die nach Infektion der Mücken diese vergiften (Bacillus thuringiensis). Die Anwendung dieser Bekämpfungsmaßnahme ist jedoch noch nicht ausgereift und für viele tropische Länder zu teuer. Nach WHO-Angaben kostet eine herkömmliche Malariabekämpfung etwa 2.00 US-Dollar pro Kopf und Jahr. In den Entwicklungsländern Afrikas liegt der Beitrag, der pro Kopf und Jahr für das gesamte Gesundheitswesen ausgegeben werden kann, zwischen 0,87 und 2,50 Dollar.
Eine Impfung gegen den Malariaerreger Plasmodium ist derzeit nicht möglich.
2.2 Einnahme von (chininhaltigen) Medikamenten vor

und während einer Reise in malariagefährdete Gebiete, Schutzkleidung, Moskitonetz

III./M 14

1.1 Mücken-Zweiflügler-Insekten; Fliegen – Zweiflügler – Insekten; Zecke – Spinnenartige; Rattenfloh – Zweiflügler – Insekten; Tsetse-Fliege – Zweiflügler – Insekten; Schnecken – Weichtiere; Bettwanzen – Wanzen – Insekten; Laus – Insekt
1.2 a. Sie sind sehr klein.
b. Sie benötigen für ihre Vermehrung und ihren Lebenszyklus mindestens zwei verschiedene Organismen als Wirt.
2. Aufstellung nach Überträger:
a 1, l; b 3,4 v; c 5,6,n,o,t; d 7 p; e 8 r; f 9 s; g 10 ; h 11 u; i 2,m
Aufstellung nach Krankheit:
1 a, l; 2 i, m; 3 b, k; 4 b, v, k; 5c,n; 6c,o; 7d,p; 8e,r; 9f,s,k; 10h,t; 11h,n

III./M 15

1. A Wanze, B Floh, C Laus
Entwicklungswege: a Wanze, b Floh, c Laus
Lebensräume: I Laus, II Floh, III Wanze
Fluchtverhalten: 1 Floh, 2 Laus, 3 Wanze
Möglichkeiten der Vorbeugung: d Wanze, e Floh, f Laus
Möglichkeiten der Bekämpfung: g Laus, h Floh, i Wanze.
2. Steckbriefe mit folgenden Angabenkombinationen:
A) Wanze: a/III/3/d/i
B) Floh: b/ II/1/e/h
C) Laus: c/ I/2/f/g

III.3 Medieninformationen

III.3.1 Audiovisuelle Medien

FWU-Diareihe 10 0428: Innenparasiten des Menschen. 9 sw, 8 f

Annotation: *1. Malariamücke beim Saugen, 2. Malariaparasiten (Plasmodium) im gefärbten Blutausstrich (LM-Bild), 3. Tsetsefliege vor und nach einem Saugakt, 4. Trypanosomen (Schlafkrankheit) im gefärbten Blutausstrich (LM-Bild), 5. Trypanosoma (EM-Bild), 6.Rinderbandwurm,7. Schweinebandwurm Körperglied mit Eiern, 8. Rinderbandwurm, Finne im Muskel, 9. Schweinebandwurm, Finne mit eingestülptem Kopf, 10. Schweinebandwurm, Finne mit ausgestülptem Kopf, 11. Modelle der Köpfe von Rinder- und Schweinebandwurm, 12. Fischbandwurm, 13. Hundebandwurm, Finne in Schweineleber, 14. Spulwürmer im Darm eines Kalbes, Präparat, 15. Spulwurmeier im Stuhlausstrich, 16. Madenwurm17. Eingekapselte Trichinen im Schweinefleisch.*

FWU-Diareihe 10 0740: Der Seidenspinner. Entwicklung, 7 f.

Annotation: *1. Seidenspinner, Männchen, 2. Frisch abgelegte Eier des Seidenspinners, 3. Raupen vor der dritten Häutung, 4. Raupen vor der Verpuppung, 5. Kokons, 6. geöffneter Kokon mit Puppe, 7. Geschlüpfter Falter*

FWU-Diareihe 10 2368: Probleme chemischer Schädlingsbekämpfung. 21 f.

Annotation: *1. Malariaerkrankungen in Italien, 2. Verbreitung der Malaria, 3. Malariaerkrankungen in Ceylon, 4. Obstspritzung mit Insektiziden, 5. Massenzucht von Schädlingen, 6. Insektizidresistenz, 7. Entstehung der Insektizidresistenz, 8. Abbau von Insektiziden, 9. Anreicherung von DDT im Boden, 10. Zufuhr von Insektiziden in den menschlichen Körper, 11. Anreicherung von DDT in der Nahrungskette, 12. Anreicherung von DDT im menschlichen Körper, 13. Prognose der künftigen DDT-Verbreitung, 14. Einfluss von Insektiziden auf Nutzinsekt und Schädling, 15. Massenauftreten von Schädlingen, 16. Wiederherstellung des biologischen Gleichgewichts, 17. Integrierter Pflanzenschutz, 18. Schadbild von Kartoffel-Nematoden, 19. Einsatz von nematodenresistenten Kartoffelsorten, 20. Massenwechsel und wirtschaftliche Schadensschwelle, 21. Gezielter Insektizideinsatz bei der Sattelmücke.*

FWU-Diareihe 10 2369: Biologische Schädlingsbekämpfung. 16 f.

Annotation: *1. Wechselbeziehungen im Ökosystem, 2. Schlupfwespe an San-Jose-Schildlaus, 3. Parasitierung der SJS, 4. Trichogramma (Schlupfwespe) an Eiern der Kohleule (Schmetterling), 5. Schlupfwespe an Blattwespen-Kokon, 6. Tachine (Raupenfliege) an Kartoffelkäfer-Larve, 7. Laufkäfer, 8. Unterschiedliche Wirkung verschiedener Parasiten, 9. Einfuhr von Raubinsekten (Raubwanze Perillus bioculatus an Kartoffelkäferlarven), 10. Veränderung des biologischen Gleichgewichts durch Nützlinge, 11. Bacillus thuringiensis, 12. Kohlweißlingsraupen nach Bakterienbefall, 13. Blattwespenlarven nach Virenbefall, 14. Durchführung der Selbstvernichtungsmethode (Sterile Männchen), 15. Ablauf der Selbstvernichtung, 16. Duftstoff-Falle.*

FWU-Diareihe 10 519: Der Kartoffelkäfer, 11 f.

Annotation: Realbilder von Körperbau und Entwicklung des Kartoffelkäfers. Nur knapper Hinweis auf Bekämpfungsmöglichkeit (chem. Bekämpfung).

FWU-Diareihe 10 0635: Spinnentiere 17 f.

Annotation: *An den Bildern einheimischer und tropischer Spinnen können Vergleiche gezogen werden; Abbildungen verschiedener Netze; Hinweise auf die Gefährlichkeit der Giftwirkung.*

FWU-Diareihe 10 636: Spinnentiere verschiedener Ordnungen, 14 f.

Annotation: *In Realaufnahmen werden Echte Spinnen, Milben und Zecken in ihrem systematischen Zusammenhang gezeigt. Spinnenkokon im Bau und geöffnet; Schlupfwespe als natürlicher Feind der Spinnen.*

FWU-Diareihe 10 101: Die Kreuzspinne. 13 sw

Anotation: *Realaufnahmen von Körperbau und Lebensweise, Bau eines Netzes, Warten auf Beute, Verzehren der Beute, Eikokon und Eier.*

FWU-Diareihe 10 0960: Ektoparasiten des Menschen. 20 f.

Annotation: 1. Latrinenfliege, 2. Gemeine Stechfliege (Wadenstecher), 3. Regenbremse, 4. Blindbremse, 5. Fiebermücke und Gemeine Stechmücke, 6. Stechmücke saugend, 7. Stechmücke, Mundwerkzeuge, 8. Zecke auf menschlicher Haut, 9. Zecke saugend, 10. Zecke vollgesogen und abgefallen, 11. Menschenfloh, 12. Menschenfloh Mikroaufnahme, 13. Bett-

wanze, 14. Bettwanze Mikroaufnahme, 15. Kopflaus, Männchen, 16. Kopflaus Weibchen Mikroaufnahme, 17. Kleiderlaus, Männchen und Weibchen, 18. Kleiderlaus, Männchen und Larven, 19. Krätzmilbe (Zeichnung), 20. Blutegel saugend.

FWU-Diareihe 10 1476: Blattläuse. 17 f.

Annotation: *Gezeigt werden Baumläuse (Gestreifte Walnusszierlaus, schwarz gefleckte Pfirsichblattlaus, Schafgarbenblattlaus, Erdbeerblattlaus.*

FWU-Film 36 0760: Wanderheuschrecke. Die Imago. 4.5 min, f.

Annotation: *Körperbau in Realaufnahmen; Großaufnahmen vom Kopf.*

FWU-Film 36 0761: Wanderheuschrecke. Sprung und Flug. 3 min, f.

Annotation: *Sprung- und Flugaufnahmen der Heuschrecke. Darstellung der Wirkungsweise der direkten Flugmuskulatur im Trick.*

FWU-Film 36 0762: Wanderheuschrecke. Paarung und Eiablage. 4.5 min, f.

FWU-Film 36 0763: Wanderheuschrecke. Entwicklung der Larven.

FWU-Film 36 0764: Wanderheuschrecke. Häutung zur Imago. 5 min, f.

FWU-Film 42 0366: Fiebermücken stechen nachts. 43 min, f.

Annotation: *Das Videoband vermittelt Grundkenntnisse zur Malaria, wobei der Aufbau von einer biologisch-medizinischen Systematik abweicht. Gleichrangig neben der Information zeigt es Probleme der Behandlung, Vorbeugung und Bekämpfung der Malaria sowie einige Aspekte der Krankheit für den Bereich Tourismus und, als Kontrast dazu, für die Menschen in der dritten Welt.*

FWU-Film 42 0382: Wo Baden krank macht. Bilharziose und Onchozerkose.

Annotation: *In diesem Film geht es um Wurmerkrankungen, die allein durch mehr oder weniger langen Kontakt mit dem verseuchten Wasser übertragen werden. Der Videofilm zeigt die Übertragungsmechanismen sowie die Probleme, die einer Behandlung und Bekämpfung entgegenstehen.*

FWU-Film 42 00959: Bekämpfung der Schlafkrankheit bei Rindern.

Annotation: *Der Film beschreibt Entstehung, Verlauf und Verbreitung der Schlafkrankheit. Die wirtschaftlichen Folgen der Krankheit machen deutlich, wie notwendig die Bekämpfung ist. Eingebettet in die entwicklungspolitische Situation der Elfenbeinküste und der Sahel-Anrainer werden verschiedene Ansätze zur Bekämpfung des Überträgers Tsetsefliege vorgestellt und diskutiert.*

FWU-Film 32 0524: Die Kreuzspinne 16 min, sw.

Annotation: *Gezeigt werden Netzbau, Fortpflanzung und Lebensweise der Spinne.*

FWU-Film 32 0662: Der Seidenspinner. 12 min, f.

Annotation: *Biologie des Maulbeerseidenspinners von den Paarungsgewohnheiten bis zur Entwicklung der frisch geschlüpften Schmetterlinge.*

FWU-Film 32 02346: Die Honigbiene. 18 min, f.

Annotation: *Leben im Stock; Funktionale Differenzierung der Arbeiterinnen im Stock; Suche nach Pollen und Nektar, Eintragen, Übergabe und Einbringen in Waben. Vermehrung und Schwarmbildung.*

FWU-Film 32 02347: Aus der Arbeit des Imkers. 14 min, f.

Annotation: *Einteilung des Stocks durch den Imker; Waben; Weiselentnahme; Schwarmpflege. Honigentnahme und -gewinnung; Wachsentnahme. Stockreinigung für den Winter.*

FWU-Film 32 03248: Atmung und Nahrungsaufnahme bei der Miesmuschel. 9 min, f.

Annotation: *Der Film zeigt den Ventilationsstrom der Miesmuschel und erläutert seine Bedeutung für den Gasaustausch und die Nahrungsaufnahme. Im Trick und in Mikroaufnahmen wird der Weg des Wassers durch die Muschel und die Filterwirkung demonstriert.*

FWU-Film 32 03167: Die Miesmuschel- Leben im Wechsel von Ebbe und Flut. 15 min, f.

Annotation: *Der Film zeigt den Lebensraum und das Verhalten der Miesmuschel bei Überflutung und Trockenperioden. Außerdem (teilweise Trick): Ventilation, Filtration, Pseudofaecesbildung, Fortbewegung, Schutzmaßnahmen gegen Fressfeinde, Verschlickung, Verdriftung.*

FWU-Film 32 03558: Pflanzenschädigung durch Wurzelnematoden. 14 min, f.

Annotation: *Der Film zeigt unterschiedliche Wurzelnematoden und die entsprechenden Schadbilder an den Pflanzen. Besonders herausgestellt wird der Entwicklungszyklus eines Nematoden.*

FWU-Film 32 03684: Läuse. 23 min., f.

Annotation: *Der Kindergärtnerin fällt auf, dass sich Lisa ständig am Kopf kratzt. Das Kind hat Läuse. Da die Mutter an dem Tag gerade keine Zeit hat, kümmert sich der 11-jährige Bruder um Lisa. Auf lockere Weise informiert der Spielfilm über Läuse und wie man ihrer Herr wird.*

FWU-Film 32 03782: Stechmücken. 19 min, f.

Annotation: *Ein Film über den Entwicklungszyklus der Stechmücke, ihre Partnersuche und die Bedeutung des Blutsaugens der Stechmückenweibchen.*

FWU-Film 32 03907: Mit Lockstoffen gegen Insekten. 14 min, f.

Annotation: *Insekten haben hoch empfindliche Geruchsorgane und können deshalb gezielt mit Pheromonen oder anderen Lockstoffen gefangen und getötet werden. Beispiele aus dem Weinbau (Einbindiger Traubenwickler) und der Forstwirtschaft (Borkenkäfer).*

FWU-Film 32 03930: Nützlinge im Gewächshaus. 15 min, f.

Annotation: *Die wichtigsten derzeit unter Glas eingesetzten Nutzarthropoden werden vorgestellt: Raubmilbe gegen Spinnmilbe, Schlupfwespe gegen Weiße Fliege, Räuberische Gallmücke gegen Blattläuse.*

Institut für Weltkunde in Bildung und Forschung (WBF)

In vielen Kreisbildstellen erhältlich. Lebensgemeinschaft im Garten: Wechselbeziehungen zwischen Nutz- und Schadinsekten. 16 min, f.

Annotation: *Der Film ist durch folgende Zwischentitel gegliedert: 1. Blattläuse als Pflanzenschädlinge, 2. Blattlaus-Vertilger, 3. Nutznießer der lebenden Blattlaus, 4. Nächtliche Blattlausvertilger, 5. Eingriff des Menschen in das biologische Gleichgewiccht, 6. Biologische Schädlingsbekämpfung entspricht ökologischer Regulation.*

FWU-Film 32 02431: Der Regenwurm. 14 min, f.

Annotation: Der Film behandelt das Bewegungsverhalten in und auf dem Boden, Nahrungssuche, Paarung und Schlüpfen aus dem Eikokon. Die Bedeutung des Regenwurms für die Verbesserung der Bodenqualität wird deutlich.

FWU-Film 32 03906: Mit Bakterien gegen Stechmücken. 15 min, f.

Annotation: *Der Film zeigt Bekämpfungsmöglichkeiten von Stechmücken durch das Bakterium Bacillus thuringiensis.*

Anmerkung: *Der Einsatz des Films ist als Ergänzung sinnvoll, wenn vorher die mikrobiologischen Grundlagen erarbeitet wurden (Bau und Lebensbedingungen eines Bakteriums, Vermehrungsdynamik, Produktion von giftigen Stoffwechselendprodukten im Bakterienkörper, Infektionsmöglichkeiten). Dias dazu s. 10 2369, Literatur zu diesem Komplex s.u.*

III.3.2 Zeitschriften

Drünkler, A.; Heinrich, B.; Moll, M.: Probleme der Schädlingsbekämpfung im Apfelanbau. Unterricht Biologie (1978), H. 28, S. 31-38.

Anmerkung: *Der Artikel umfasst eine Übersicht über häufige Schädlinge sowie eine schülergerechte Aufarbeitung der Bekämpfungsproblematik.*

Janßen, W.: Muscheln und Schnecken. Unterricht Biologie 1995 (19), Heft 205.

Anmerkung: *Neben einem „normalen“ Bestimmungsschlüssel für Schnecken und Muscheln enthält dieses Heft auch einen „Tastbestimmungsschlüssel“ für Muschelschalen der Nordsee. Weitere Anregungen und Materialien zu den Themen: Beobachtung an Schnirkelschnecken, Die Spitzschlammschnecke – ein Weidegänger unter Wasser, Fortpflanzung von Teichmuschel und Weinbergschnecke. Eine Medienseite: Filme, Dias, Literatur zum Thema „Einheimische Mollusken“ rundet das Heft ab.*

Jungbauer, W. und Scharf, K.-H.: Parasiten des Menschen. Praxis der Naturwissenschaften – Biologie 1991 (40), Heft 1.

Beiträge: *1. Wie entkommen Parasiten der Immunabwehr? 2. Malaria. 3. Die Geißel Allahs: Bilharziose. 4. Fuchsbandwurm und Hundebandwurm – gefährliche Parasiten des Menschen. 5. Zecken – Überträger von Krankheitserregern – Lyme-Borreliose und FSME. 6. Die Krätzmilbe – Ein Parasit, der unter die Haut geht.*

Kattmann, U.: Parasitismus und Symbiose. Unterricht Biologie, H.53 (1981). Basisartikel, S. 2 – 13.

Kurzfassung: *In der Zusammenschau der verschiedenen Formen von Biosystemen werden physiologische, ökologische und evolutionsbiologische Aspekte herausgestellt: Lebensgemeinschaft und Zwei-Partner-Systeme; Bedeutung von Parasitismus und Symbiose in der Natur; Entstehung von Parasitismus und Symbiose; spezielle Anpassungen von Parasiten und Symbionten; Koevolution. Abschließend werden Hinweise zur Behandlung des Themas im Unterricht gegeben.*

Lütkens, R.: Schädlingsbekämpfung. Unterricht Biologie, (1978) H. 28.

Anmerkung: *Die beiden Basisartikel führen in die Problematik der Begriffe Schädling / Nützling ein, geben eine Übersicht über Schädlingsbekämpfungsmethoden und informieren über Schädlingsbekämpfung im integrierten Pflanzenschutz (vgl. MIII. 3.7). Am Schluss des Heftes findet man ausführliche Literaturhinweise zu den beiden Basisartikeln.*

Mannesmann, R.: Aktuelle Parasitosen des Menschen. Unterricht Biologie 5 (1981), H. 53, S. 42-44.

Anmerkung: *Eine Übersicht für die Hand des Lehrers, in der die wichtigsten Parasitosen der Tropen und Subtropen kurz behandelt und Hinweise auf Vorsichtsmaßnahmen gegeben werden.*

Entrich, H. (Hrsg.): „Ungeziefer“. Unterricht Biologie (14), H. 154, Mai 1990.

Annotation: *1. Hilfe, Flöhe (Primarstufe), 2. Die Stubenfliege – ein harmloses Ungeziefer? (OS), 3. Mückenplage (7./8. Jahrgang), 4. Silberfischchen – interessantes Ungeziefer (9./10.), 5. Zecken – Überträger von Infektionskrankheiten (11.-13.). Beihefter „Plagegeister des Menschen, Magazin: Zur Rede von Schädlingen im Biologieunterricht.*

III. 3. 3 Bücher

Chinery, M.: Insekten Mitteleuropas. Parey, Hamburg und Berlin 1984.

Anmerkung: *Ein ausführliches Bestimmungsbuch für den Laien mit vielen erläuternden Texten und 68 Farbtafeln mit deutlichen Zeichnungen.*

Dönges, Johannes: Parasitologie. Thieme, Stuttgart 1980.

Anmmerkung: Im einleitenden Teil werden die ökologischen Besonderheiten des Parasitismus behandelt und alle relevanten Grundbegriffe erläutert. Der spezielle Teil befasst sich mit den Endoparasiten sowie den wichtigsten Ektoparasiten unter besonderer Berücksichtigung von Verbreitung, biologischen Charakteristika, Entwicklungsgeschichte, Morphologie, Pathogenese und Epidemiologie. Gezielte Hinweise auf Laboratoriumsdiagnostik und Therapiemöglichkeiten schließen das Buch ab.

Harde, K. W.: Nützliches Ungeziefer. Kosmos Stuttgart 1964.

Anmerkung: *Ein leicht verständliches Werk, welches Marienkäfer, Florfliege, Grabwespe, Hausbuntkäfer und andere nützliche wie schädliche Käferarten, Fliegen- und Mückenarten, Ameisenwespen, Zehrwespen, Erzwespen und andere weniger bekannte Wespenarten sowie die Schlupfwespen vorstellt. Eine kurze und leicht zu handhabende Bestimmungshilfe für die wichtigsten Arten schließt das Buch ab.*

Jacobs, W. und Renner, M.: Biologie und Ökologie der Insekten. Fischer Stuttgart 1998.

Anmerkung: *Ein übersichtliches und zugleich ausführliches Informations- und Nachschlagewerk, das nach dem Alphabet der deutschen und wissenschaftlichen Namen der aufgeführten Formen geordnet ist. Viele Abbildungen (Zeichnungen).*

Mehlhorn, H. u. Piekarski, G.: Grundriss der Parasitenkunde. Fischer, Stuttgart 1989.

Anmerkung: *Dritte, erweiterte Auflage des sehr informativen Werkes. Zum Nachschlagen und zur vertieften Information für den Lehrer wie auch den älteren, interessierten Schüler gut geeignet. Neuere immunbiologische Befunde zur Abwehr von Parasiten werden berücksichtigt.*

Neue große Tierenzyklopädie. Das Urania Tierreich in 6 Bänden. Bd. 4 (Insekten), Bd. 5 Wirbellose Tiere 1, Bd. 6 Wirbellose Tiere 2. Urania Leipzig 1971.

Anmerkung: *Ein informatives Nachschlagewerk, übersichtlich gegliedert und auch für den Nicht-Biologen deutlich formuliert.*

Osche, G.: Die Welt der Parasiten. Springer, Berlin, Heidelberg 1966.

Anmerkung: *Das kleine, aber dennoch sehr übersichtlich und verständlich geschriebene Buch informiert den Leser in folgenden Kapiteln: 1. Was ist ein Parasit?, 2. Welche Stadien schmarotzen?, 3. Die Rolle der Wirte im Leben der Schmarotzer, 4. Die Verbreitung des Parasitismus im Tierreich, 5. Besondere Fälle von „Parasitismus", 6. Anpassungen an den Parasitismus, 7. Aus dem Lebenslauf der Schmarotzer, 8. Wechselwirkungen zwischen Parasit und Wirt, 9. Die Lebensgemeinschaft der Parasiten, 10. Feinde der Parasiten, 11. Aus der Stammesgeschichte der Parasiten.*

Sedlag, U.: Rätsel und Wunder im Reich der Insekten. Urania Leipzig 1978.

Anmerkung: *Eine populärwissenschaftliche Darstellung des Insektenlebens mit einer Fülle ungewöhnlicher Hinweise und Informationen.*

Sommermann, U.: Arbeitsblätter Insekten. Klett Stuttgart 1989.

Gliederung: *Körperbau der Insekten. Entwicklung der Insekten. Bienen und andere Hautflügler. Schädlinge, Parasiten und ihre Bekämpfung. Ordnung in der Vielfalt der Insekten.*

Anmerkung: *Eine Zusammenstellung methodisch vielfältiger Ideen und Anregungen. Die Lösungen sind als ausgefüllte Arbeitsblätter angegeben.*

Steinbrink, H.: Gesundheitsschädlinge. Fischer, Stuttgart 1989.

Anmerkung: *In der Einleitung werden Grundlagen der Schädlingsbekämpfung und Hinweise zum Fang, zur Bestimmung und Konservierung von Schädlingen gegeben. In Kapiteln mit eher lexikalischem Charakter werden Informationen über Gestalt, Bedeutung und Bekämpfung der verschiedensten Schädlinge vermittelt.*

Zahradnik, J. und Chvala, M.: Insekten. Handbuch und Führer der Insekten Europas. Augsburg 1991

Anmerkung: *Ein großformatiger Bildband mit einer soliden Einführung und wunderschönen Bildern. Die Bilder sind ausführlich und übersichtlich kommentiert.*

Zahradnik, J.: Der Kosmos-Insektenführer. Stuttgart 1980.

Anmerkung: *Eine bewährte Bestimmungshilfe für die häufigsten Insektenarten Mitteleuropas. Bei der Vielfalt der Arten auch in unseren Breiten ist es nicht ungewöhnlich, mit dieser Hilfe keinen Erfolg zu haben. Man sollte dann aber zumindest bis zur Familie des betreffenden Insekts vorgedrungen sein.*

IV. Unterrichtseinheit (UE): Ordnung in der Vielfalt von Wirbellosen

Lernvoraussetzungen:

Inhalte: Grundkenntnisse über Wirbeltiere
Methoden: Grundkenntnisse im Beschreiben, Vergleichen und Erläutern von Sachverhalten

Gliederung:

Die Pfeile geben die hier vorgeschlagene Unterrichtssequenz an. Es sind aber auch andere Abfolgen denkbar.

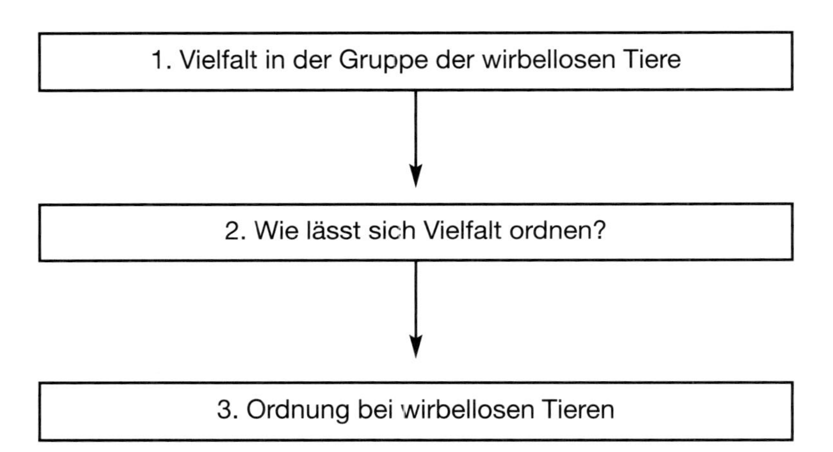

Zeitplan:

Für die Durchführung der UE sind etwa 4 bis 5 Stunden notwendig. Die Unterrichtseinheit sollte erst erarbeitet werden, wenn mit Hilfe einiger anderer Unterrichtseinheiten dieses Bandes Kenntnisse über Wirbellose vermittelt worden sind.

IV.1 Sachinformation

Art:

Es existieren zwei Grundkonzepte des Artbegriffs:

1. Die morphologische Art: Zu einer morphologischen Art gehören alle Individuen einer Gruppe, die im „Grundbauplan" identisch sind und sich durch morphologische Merkmale von Individuen anderer Gruppen abgrenzen lassen. Die Art ist danach die niedrigste, nicht mehr zu gliedernde systematische Einheit. Dieser Artbegriff erweist sich als zeitlich und räumlich „undimensional" (Mayr) und ist daher für evolutionsbiologische Fragestellungen nicht geeignet.
2. Die biologische Art (Biospezies): Die Gesamtheit von Populationen, deren Individuen sich untereinander fortpflanzen, fruchtbare Nachkommen erzeugen und reproduktiv von anderen Gruppen getrennt sind. Das entscheidende Kriterium ist dabei die Isolation der betreffenden Populationen. Diese Isolation bewirkt die Aufrechterhaltung einer bestimmten Zusammensetzung des gesamten genetischen Materials in der Gruppe (Genpool). Sind Populationen einer Art räumlich voneinander getrennt und unterscheiden sich die Genpools, ohne dass es zu einer Isolation in der (theoretischen oder real existierenden) Reproduktionsfähigkeit kommt, spricht man von Rassen.

Der biologische Artbegriff ermöglicht die Entwicklung eines „natürlichen Systems", bei dem die Verwandtschaftsverhältnisse ausschlaggebendes Kriterium sind.

Artenzahl:

Die derzeitigen Schätzungen zur Gesamtzahl aller heute lebenden Arten gehen weit auseinander, sie reichen von drei bis 30 Millionen. Da es weltweit kein zentrales Archiv gibt, das die bisherigen Befunde speichert, ist unbekannt, wie viele Arten bis heute beschrieben wurden bzw. bekannt sind. Verfolgt man die Entwicklung der Artenzahlen seit etwa Anfang des 18. Jahrhunderts, ist erkennbar, dass die Anzahl der gefundenen Arten von der „Attraktivität" der Lebewesen abhängt: Während von den etwa 9.000 Vogelarten bereits 1845 die Hälfte dieser Arten bekannt war, war die Hälfte der heute bekannten Gliederfüßer (130.000 Arten) erst 1960 bekannt. Besonders sehr kleine Organismenarten sind heute sicher noch nicht in dem Maße bekannt wie größere Arten.

Biodiversität:

Artenfülle von Organismengruppen in einem Ökosystem. Der Zusammenhang zwischen Artenfülle, Stabilität, Flexibilität und Sensibilität eines Ökosystems ist noch weithin unerforscht, spielt jedoch für die Beurteilung eines Ökosystems für die menschliche Nutzung wie auch den Umweltschutz eine herausragende Rolle. Literaturangaben über die Diversität eines Ökosystems dürfen nicht miteinander verglichen werden, wenn nicht mit identischen Methoden gearbeitet wurde. Die bisherigen Versuche, Parameter eines Ökosystems – wie z.B. Produktion und Diversität oder Produktion mit Diversität und Konstanz miteinander zu korrelieren – sind bisher jedoch wenig erfolgreich gewesen. Die derzeit mit hoher Geschwindigkeit ablaufende Vernichtung von Arten mit ihrem typischen Genbestand muss verhindert werden, da noch gar nicht bekannt ist, wieweit die derzeit vorhandenen Gene in den verschiedenen Genpools für die Weiterentwicklung bzw. Erhaltung der Menschheit notwendig sind.

Familie:

Systematische Kategorie des natürlichen Systems, in der die Gattungen einer Familie zusammengefasst sind, Beispiel: zur Familie der Stechmücken *(Culicidae)* aus der Ordnung der Zweiflügler (Diptera) gehören die Gattungen *Culex, Aedes* und *Anopheles.*

Gattung:

Systematische Kategorie des natürlichen Systems, die eine Gruppe von Arten zusammenfasst.

Klasse:

Systematische Kategorie des natürlichen Systems, in der mehrere Ordnungen zusammengefasst werden, Beispiel: zur Klasse der Insekten gehören u.a. die Ordnungen Heuschrecken *(Saltatoria)*, Ohrwürmer *(Dermaptera)*, Schaben *(Blattaria)*, Wanzen *(Heteroptera)*, Käfer *(Coleoptera),* Zweiflügler (Diptera), Schmetterlinge *(Lepidoptera).*

Künstliches System:

Künstliche Systeme ordnen die Vielfalt der Lebewesen nach wenigen Kategorien (z.B. nach morphologischen Merkmalen – etwa dem Bau von Blüten bei Pflanzen oder der Anzahl von Fühlern bei Gliedertieren –) und eignen sich für die Bestimmung von Lebewesen. Bei der Berücksichtigung weniger Kategorien treten jedoch u.U. Widersprüche auf, die nur durch ein natürliches System zu klären sind.

Natürliches System:

Im Gegensatz zu einem künstlichen System wird in einem natürlichen System versucht, die Vielfalt der Lebewesen nach ihrer Verwandtschaft und damit nach ihrer Evolution zu ordnen. Der Stammbaum ist dabei die wichtigste Form der Darstellung. Dabei ist das System der heute lebenden (rezenten) Lebewesen als ein Querschnitt durch die Verzweigungen eines Stammbaums denkbar, bei Einbeziehung fossiler Formen werden verschiedene Entwicklungs- und Zeitebenen erfasst. In einem natürlichen System wird der geschichtliche Entwicklungszusammenhang berücksichtigt.

Ordnung:

Systematische Kategorie des natürlichen Systems, in der mehrere Familien zusammengefasst sind.

Population:

Unter einer Population versteht man eine Gruppe von Individuen einer Art innerhalb eines abgrenzbaren Raumes. Die Population ist (mit ihrem Genpool) die Einheit der Evolution. Die Evolutionsfaktoren Mutation (Veränderung des genetischen Materials), Selektion (Auswahl der bestangepassten Individuen einer Population durch bestimmte Selektionsfaktoren) und Gendrift (zufällige Veränderungen in der Zusammensetzung des Genpools einer Population) wirken auf die Zusammensetzung des Genpools einer Population ein (ändern oder stabilisieren ihn). Die Veränderung des Genpools einer Population bedeutet Evolution.

IV.2 Informationen zur Unterrichtspraxis

IV.2.1 Einstiegsmöglichkeiten

Einstiegsmöglichkeiten	Medien
A.	
■ Eingangsexkursion auf das Schulgelände; 10 x 10 m werden an geeigneter Stelle abgeteilt. Die SuS zählen (in Gruppen) die vorkommenden Arten, unterteilt nach Pflanzen, Wirbeltieren, Gliederfüßer, andere Wirbellosen, Pilze, Flechten. **Hinweis:** *Eine Bestimmung der Organismen ist an dieser Stelle nicht notwendig.* ■ Unterrichtsgespräch über die Schwierigkeiten während der Arbeit: Bei der Bestimmung der Artenzahl sind Artenkenntnisse (Namenskenntnisse) wünschenswert. Abschätzung der Artenvielfalt auf der Erde; Bearbeitung von IV./M 1 ▶ **Problemfrage:** Wie lässt sich diese Vielfalt ordnen?	■ Absperrband, Notizblock, Bleistift. ■ Tafel ■ Material IV./M1 (Materialgebundene Aufgabe): Artenvielfalt bei wirbellosen Tieren
B.	
■ L verteilt verschiedene Präparate von Wirbellosen (Frisch- und Alkoholpräparate, Dauerpräparate, Schalen, Exuvien etc.) an Schülergruppen und lässt das Material ordnen. ■ Unterrichtsgespräch: Vorstellung der Ergebnisse durch die SuS, Nennen der Gesichtspunkte, nach denen geordnet wurde ▶ **Problemfrage:** Was ist die Aufgabe einer Ordnung von Lebewesen?	■ Präparate aus der Biologiesammlung, eigens vorbereitete Präparate aus Bodenproben, Streuproben, Schüttelproben; Kescherfänge ■ Tafel

IV.2.2 Erarbeitungsmöglichkeiten

Die Frage nach der Funktion von Ordnung in der Biologie lässt sich an dieser Stelle nur ansatzweise klären. Keinesfalls sollten die SuS mit zu theoretischen Überlegungen überfordert werden, zumal Kenntnisse aus der Evolution und Ökologie, die für ein umfassenderes Verständnis notwendig sind, wohl nur in Ansätzen vorhanden sein dürften. Der Zusammenhang 1."Vielfalt braucht Erklärung" und 2. „Erklärung braucht Kenntnisse" wird jedoch den SuS schnell klar gemacht werden können und motiviert zu weitere Arbeit.

Erarbeitungsschritte	Medien
Die große Vielfalt wirbelloser Tierarten führte zu der Frage nach einer biologisch sinnvollen Ordnung. Dazu muss die Funktion einer biologischen Ordnung geklärt werden.	
A./B.1. Vielfalt in der Gruppe der wirbellosen Tiere	
■ L präsentiert 1 Schneckenschale, 1 Muschelschale, 1 Skelett, 1 Becherglas und fordert SuS auf, diese Gegenstände im Sammlungsraum so wegzuräumen, dass sie von anderen wieder gefunden werden können.	■ Gegenstände der Biologiesammlung

Erarbeitungsschritte	Medien
■ L bittet danach eine(n) Schüler(in), die Gegenstände wieder hervorzuholen und erkundigt sich, wie das gelungen sei.	
■ S antwortet mit Ordnungskategorien wie „Schrank“, „Schublade für“ etc.	
■ Unterrichtsgespräch: Welche Aufgabe hat das Ordnungssystem „Biologiesammlung“?	
■ L gibt Arbeitsmaterial zu dieser Frage aus.	■ Material IV./M 2 (Materialgebundene Aufgabe): Aufgabe eines Ordnungssystems bei wirbellosen Tieren
■ Unterrichtsgespräch über den Gesichtspunkt „Ähnlichkeit“ als wichtiges Vergleichsmerkmal zur Festlegung einer (verwandtschaftlich strukturierten) Ordnung	
A./B.2. Wie läßt sich die Vielfalt ordnen?	
■ Unterrichtsgespräch: Möglichkeiten einer sinnvollen Ordnung in der Natur	
■ SuS bearbeiten Material IV./M 3.	■ Material IV./M 3 (Materialgebundene Aufgabe): Ordnen durch Vergleich
■ L zitiert Bibel / Schöpfungsgeschichte und stellt dies den heutigen Forschungsergebnissen gegenüber: Tiere sind miteinander verwandt. Bearbeitung von Material IV./M 4	■ Schöpfungsgeschichte Altes Testament, 1. Buch Mose, 1, 11-12, 20-25 ■ Material IV./M 4 (Materialgebundene Aufgabe): Tiere sind miteinander verwandt
A./B.3. Ordnung bei wirbellosen Tieren	
Nach der Erarbeitung von Ordnungsmöglichkeiten und dem Sinn von Ordnung können Übungen angeschlossen werden, die Baupläne Wirbelloser kennen zu lernen und in systematische Kategorien einordnen zu können. Diese Übungen lassen sich zunächst mit Präparaten, später mit gefangenen Tieren (z.B. Untersuchung von Streu-Organismen, Schüttelprobe aus einem Strauch / Baum) durchführen. Bei lebenden Tieren ist darauf zu achten, dass die Tiere geschont und wieder an ihren Fundort gebracht werden. Das Fangen geschützter Insekten ist nach dem Bundesnaturschutzgesetz i.d.F. v. 12.3.87, 20 verboten. Eine Liste der geschützten Insekten befindet sich z.B. in Jacobs / Renner 1998 (s. Literaturverzeichnis). Weitere Hinweise (z.B. Rote Listen versch. Wirbellosengruppen) sind bei den Verbänden wie z.B. BUND zu erhalten.	
■ Unterrichtsgespräch: Zusammenfassung der bisherigen Erkenntnisse L bietet Übungsmöglichkeiten an.	■ Material IV./M 5 (Materialgebundene Aufgabe): Beobachten, Vergleichen, Zuordnen
■ Unterrichtsgespräch: Das Ordnen durch Vergleich führt zur Konstruktion von Grundbauplänen.	■ Einige lebende Regenwürmer, Präparat eines Flusskrebses oder lebende Bachflohkrebse in Petrischale, Lupen
■ SuS beschreiben Baupläne mit Hilfe des Lehrbuchs. **Hinweis:** *Für die Schülergruppen ist es sehr hilfreich, entsprechende Präparate und Modelle zur Verfügung gestellt zu bekommen.*	■ Alkohol- oder Dauerpräparat eines Spinne; Lupen

IV./M 1	Artenvielfalt bei wirbellosen Tieren	Materialgebundene AUFGABE

Arbeitsmaterial:

1. Schematische Darstellung eines Wirbeltiers:

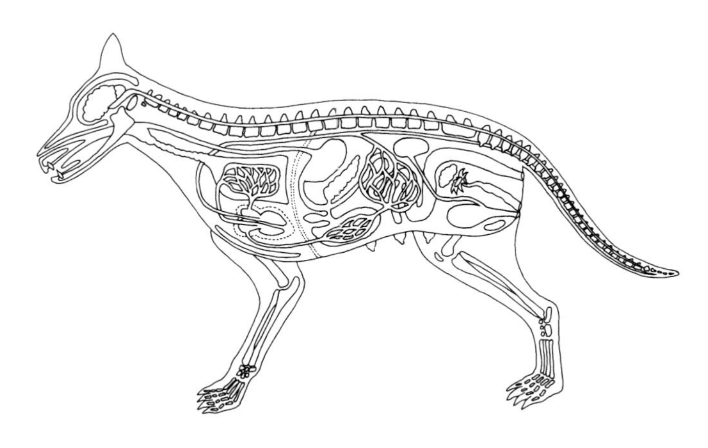

2. Tabelle:

ausgewählte Gruppen wirbelloser Tiere mit ihren Artenzahlen:

Gruppe	auf der Erde	in Deutschland
1. Hohltiere	9 000	28
2. Fadenwürmer	12 480	1 600
3. Schnecken	85 000	380
4. Muscheln	25 000	100
5. Tintenschnecken	600	15
6. Ringelwürmer	17 000	1 900
7. Spinnentiere	30 000	2 300
8. Krebse	20 000	900
9. Libellen	4 700	70
10. Schaben	3 500	80
12. Käfer	350 000	6 800
13. Hautflügler (z.B. Biene)	100 000	10 000
14. Schmetterlinge	110 000	3 000
15. Fliegen, Mücken	85 000	6 000
zum Vergleich:		
Vögel	9 000	
Säugetiere	4 000	
Pilze	1 600 000	

3. Die Gesamtzahl der Arten heute existierender Lebewesen wird von Wissenschaftlern unterschiedlich hoch geschätzt:

Die Schwankungen reichen von drei bis dreißig Millionen Arten.

Aufgaben:

1.1 Es gibt, wie die Tabelle zeigt, verschiedene Gruppen von wirbellosen Tieren. Nenne die Unterschiede zwischen der Gruppe „Käfer“ und der Gruppe „Wirbeltier“

1.2 Warum ist es schwierig, so wie für ein Wirbeltier ein allgemein gültiges Schema eines wirbellosen Tieres, welches für alle Wirbellosen zutrifft, zu erstellen?

2. Nenne die Gesichtspunkte, nach denen die Vielfalt der Gruppe der „wirbellosen“ Tiere geordnet werden kann!

IV./M 2	Aufgabe eines Ordnungssystems	Materialgebundene AUFGABE

Arbeitsmaterial:

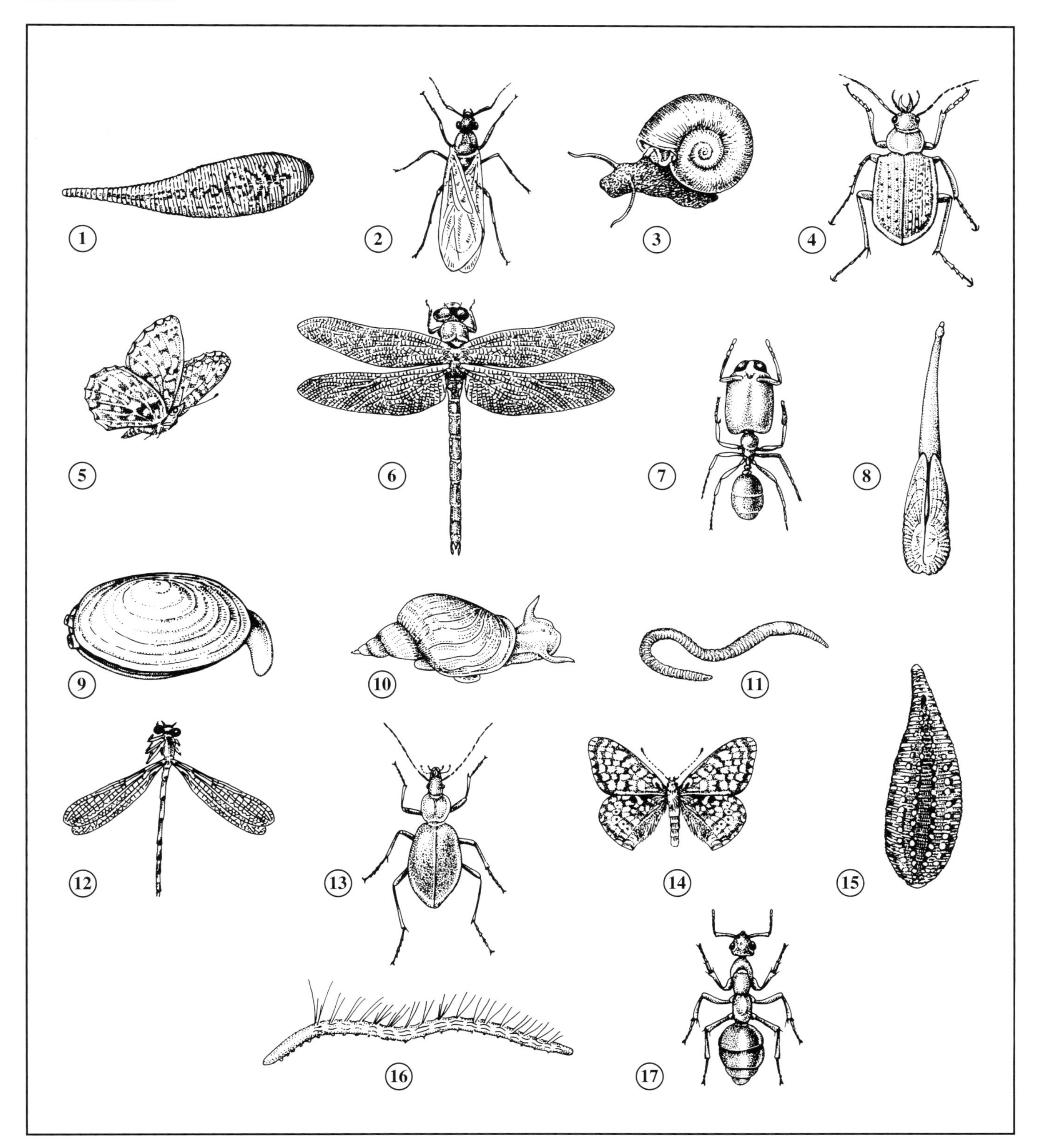

Aufgaben:

1. Ordne die in der Abbildung dargestellten Tiere nach der Ähnlichkeit in ihrem Körperbau!
2. Benenne die gefundenen Gruppen!
3. Erläutere, welche Bedeutung der Vergleichsgesichtspunkt „Ähnlichkeit“ für die Herstellung einer Ordnung hat!
4. Welche Aufgabe hat die gefundene Ordnung?

IV./M 3	Ordnen durch Vergleich	Materialgebundene AUFGABE

Arbeitsmaterial:

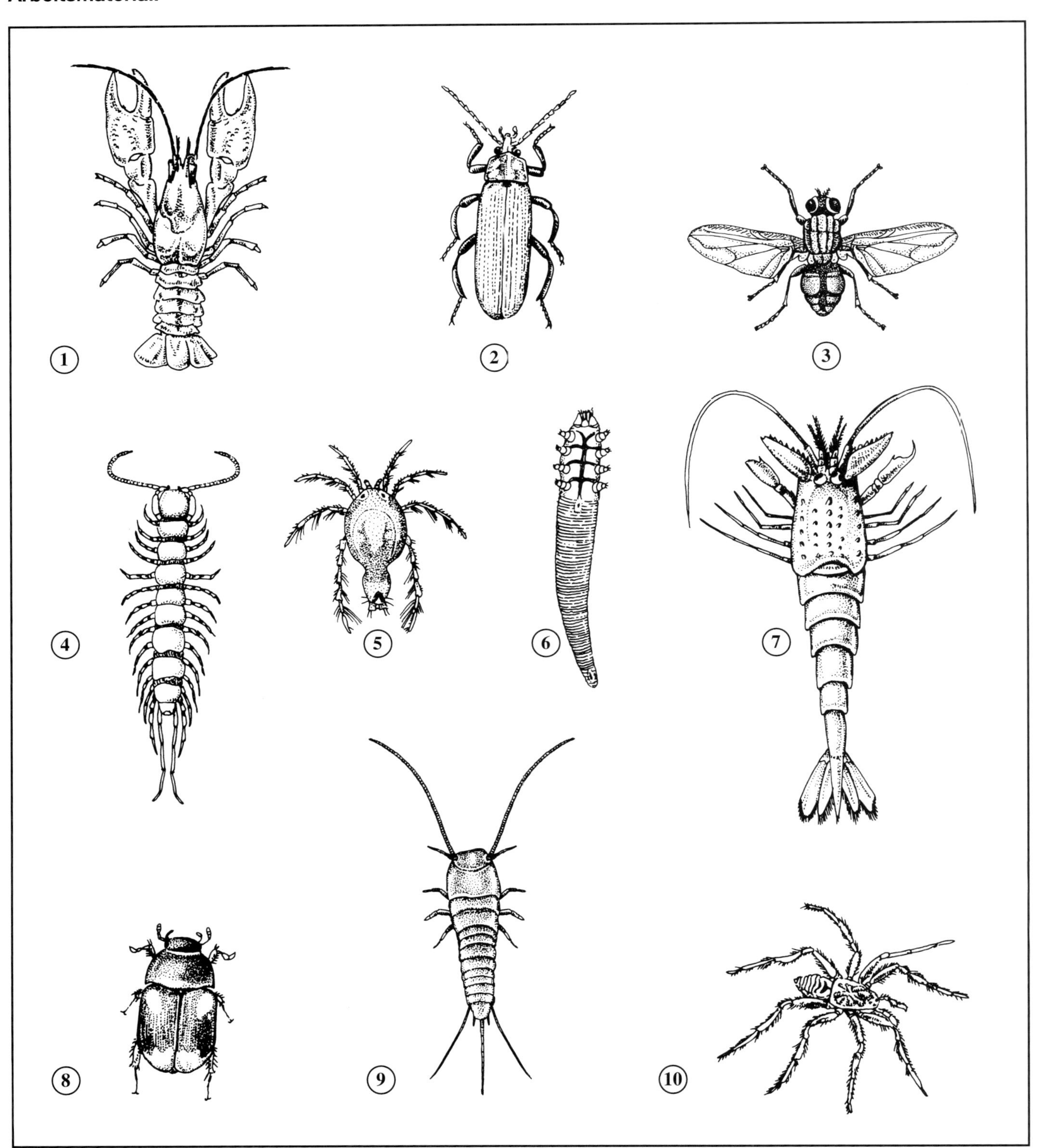

Aufgaben:

1. Vergleiche die Tiere Nr. 1 und 2, 1 und 4 sowie 1 und 10 hinsichtlich ihres Körperbaus, und notiere die Ähnlichkeiten und Unterschiede in einer Tabelle! Beachte dabei nicht die Größenverhältnisse!
2. Fasse alle Tiere aufgrund deines Vergleichs in Gruppen zusammen! In jeder Gruppe können sich 1 oder mehrere Tiere befinden.
3. Beschreibe das jeweilige Gruppenmerkmal!

IV./M 4	Tiere sind miteinander verwandt	Materialgebundene AUFGABE

Arbeitsmaterial:

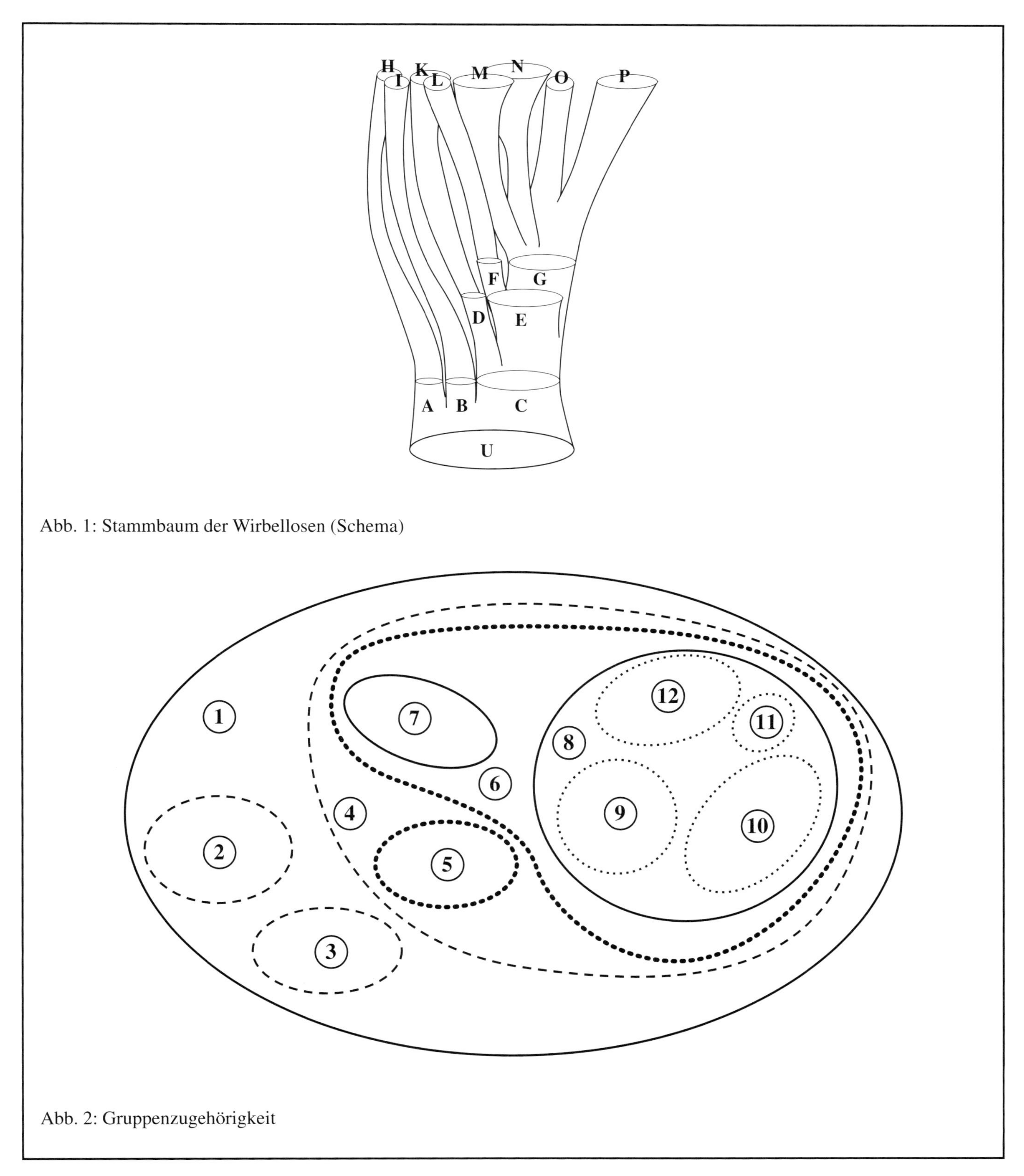

Abb. 1: Stammbaum der Wirbellosen (Schema)

Abb. 2: Gruppenzugehörigkeit

Aufgaben:

1. Ordne den Buchstaben in Abb. 1 entsprechende Zahlen in Abb. 2 zu!
2. Erläutere, worin sich die Abbildungen 1 und 2 grundsätzlich unterscheiden!

IV./M 5	Beobachten – Vergleichen – Zuordnen	Materialgebundene AUFGABE

Arbeitsmaterial:

Friederike ist drei Jahre alt. Sie ist neugierig und unternehmungslustig. Eines Tages fand sie auf dem Schreibtisch ihres großen Bruders (13 Jahre) einige Zettel mit interessanten Abbildungen und eine Schere. Sofort ging sie an die Arbeit und begann, die Figuren auszuschneiden. Als sie die Bescherung sah, wollte sie die Abbildungen wieder richtig zusammenfügen und klebte die Schnipsel wieder zusammen. Das Ergebnis sah folgendermaßen aus:

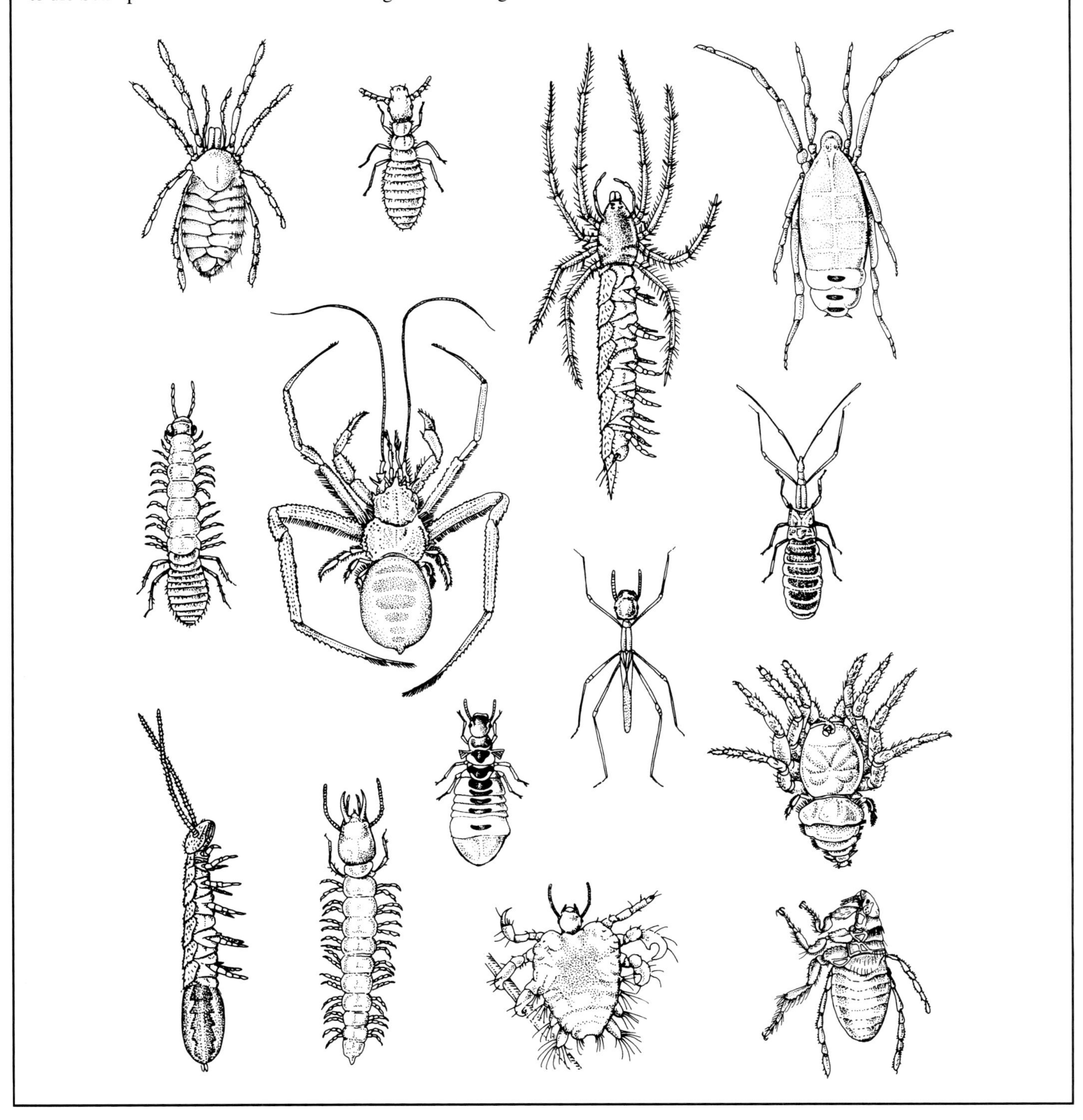

Aufgaben:

Schneide die Figurenteile aus, zerschneide die „Fabelwesen" an der richtigen Stelle und setze sie wieder richtig zusammen! Klebe sie auf und benenne sie mit ihrem biologischen Namen bzw. dem Namen der Gruppe, der sie angehören!

IV.2.3 Lösungshinweise zu den Aufgaben der Materialien

IV./M 1

1.1 Unterschiede liegen u.a. in a) Aufbau und Anordnung des Skeletts, b) Körpergliederung, c) Anzahl und Gestalt der Beine und Flügel, d) Art und Anordnung der Sinnesorgane.
1.2 Während das Körpermerkmal „Wirbel“ für die Namensgebung der Wirbeltiere verantwortlich ist, ist die Bezeichnung „Wirbellose“ eine Negativbezeichnung. Die meisten Tiere dieser Gruppe könnte man eher als „Tiere mit Außenskelett“ bezeichnen.
2. Gesichtspunkte können sein: Körpergliederung, Zahl und Gestalt der Beine sowie der Flügel, Ausprägung des Außenskeletts.

IV./M 2

1. Gruppen (mit mindestens 2 Tieren) nach Ähnlichkeit: 1. Gruppe: l und m, 2. Gruppe: b, g und h, 3. Gruppe: a, c, d, e, f, k, l; 4. Gruppe: d und l; 5. Gruppe: a und f; 6. Gruppe: c und k, 7. Gruppe: b und h.
2. 1. Gruppe: Ringelwürmer, 2. Gruppe: Weichtiere, 3. Gruppe: Insekten, 4. Gruppe: Schmetterlinge, 5. Gruppe: Ameisen, 6. Gruppe: Käfer, 7.Gruppe: Schnecken.
3. Der Gesichtspunkt „Ähnlichkeit“ ist ein Gradmesser für Verwandtschaft und damit Hinweis auf entsprechende Abstammungsverhältnisse.
4. Die Ordnung hilft (als sog. natürliches System), die Abstammungsverhältnisse zu erklären.
(Hinweis: Der Gesichtspunkt „Ähnlichkeit“ darf hier nur im Sinne von Homologien verstanden werden. Analogien, also Ähnlichkeiten z.B. im Körperbau, die auf einen gleichartigen Umwelteinfluss zurückzuführen sind (Stromlinienform von Pinguin, Hai, Robbe), können selbstverständlich nicht als Hinweis auf Verwandtschaftliche Beziehungen verwendet werden!)

IV./M 3

1. Vergleich:

verglichene Objekte	Ähnlichkeiten	Unterschiede
1 und 2	Außenskelett gegliederte Füße Fühler, Mundwerkzeuge Netzaugen	Anzahl der Beine Körpergliederung
1 und 4	Außenskelett gegliederte Füße Fühler	Anzahl der Beine Körpergliederung
1 und 10	Außenskelett gegliederte Füße	Anzahl der Beine Körperbehaarung

2. Krebse: Nr. 1 und 7; Insekten: 2, 3, 8 und 9; Spinnentiere: Nr. 5 (Milbe), 6 (Milbenlarve), 10 Hundertfüßer: Nr. 4; Käfer: Nr. 4 und 8. Alle Tiere gehören zu den Gliederfüßern.
3. Gruppenmerkmal Krebse: mehr als 4 Beinpaare, lange Fühler, Körper in Kopfbruststück und Schwanz gegliedert..
Gruppenmerkmal Insekten: 3 Beinpaare, Körpergliederung Kopf, Brust, Hinterleib.
Gruppenmerkmal Spinnentiere: 4 Beinpaare, Körpergliederung Kopfbruststück, Hinterleib.
Gruppenmerkmal Hundertfüßer: mehr als 16 Beinpaare, lange Fühler. Körpergliederung: viele gleichartig gebaute Körperabschnitte (Segmente).
Gruppenmerkmal Gliederfüßer: Außenskelett, gegliederte Extremitäten (Beine, Fühler, Mundwerkzeuge, Hinterleibsanhänge)

IV./M 4

1. U-1, A, H-2; B, I-3; C-4; D, K-5; E-8; F, L-7; G-8; M-9; N-12; O-11; P-10
2. Während der Stammbaum versucht, die Abstammungsverhältnisse im Laufe der Zeit darzustellen, wird die Gruppenzugehörigkeit allein nach Ähnlichkeiten erstellt, ohne den Zeitfaktor direkt zu berücksichtigen.

IV./M 5

Es handelt sich um folgende Organismen(gruppen): 1.Spinne, 2. Floh, 3. Termite (Soldat), 5. Hundertfüßer, 6. Termite (Arbeiterin), 7. Termite (Königin), 8. Termite (Männchen nach Abwurf der Flügel), 9. Kopflaus, 10. milbenförmiger Weberknecht (Siro duricorius), 11. milbenförmiger / kurzbeiniger Weberknecht Trogulus, 12. Spinne 13. Krebs (Einsiedlerkrebs ohne Schutzgehäuse), 14. Insekt (Wanze Neides), 15. Hundertfüßer

Lösung siehe nächste Seite:

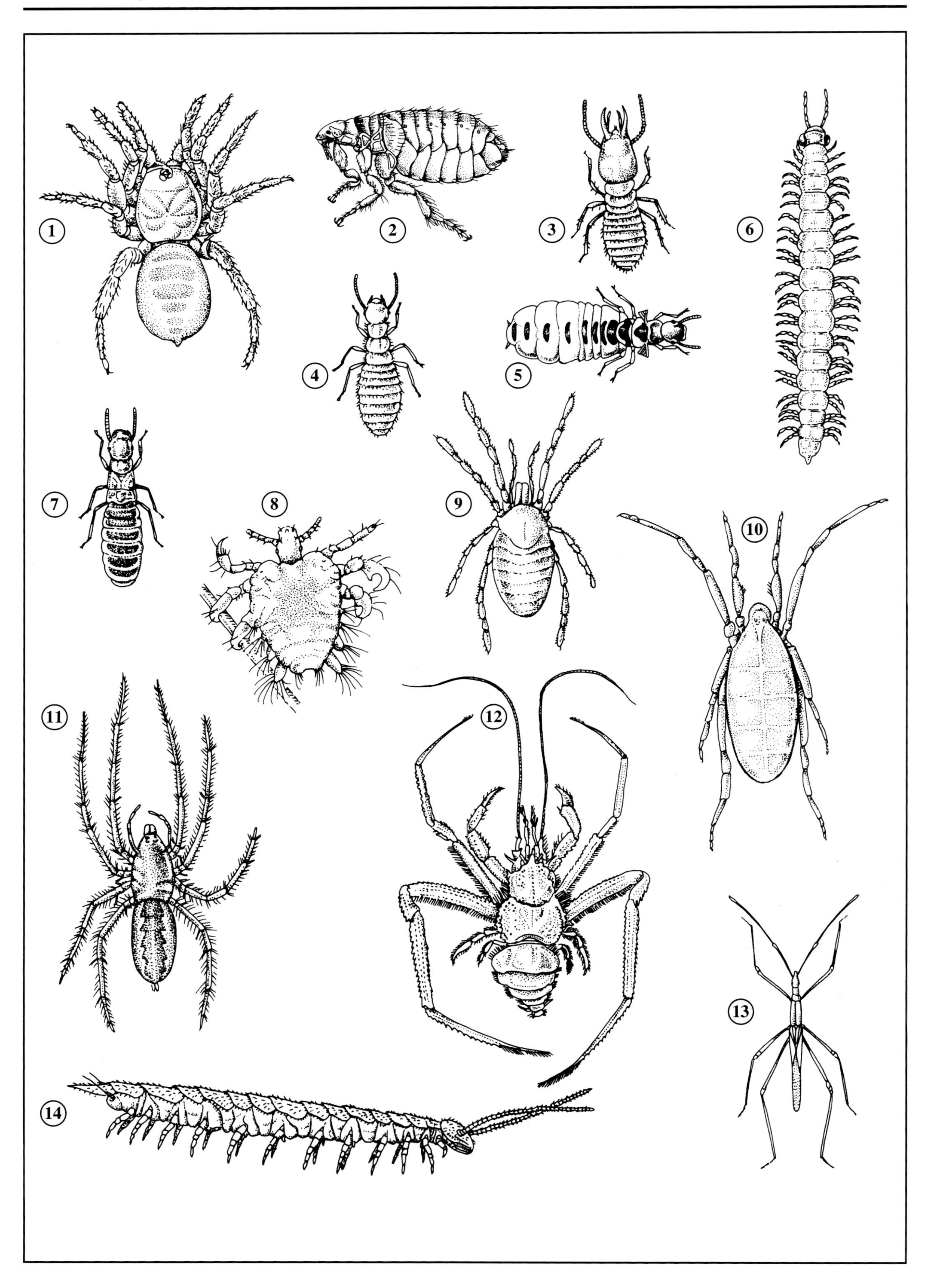
1
2
3
4
5
6
7
8
9
10
11
12
13
14

IV.3 Medieninformationen

IV. 3.1 Audiovisuelle Medien

Hinweis: *Auf monographische Darstellungen wird an dieser Stelle in der Regel verzichtet; diese sind in den Medienverzeichnissen der anderen Unterrichtseinheiten dieses Bandes verzeichnet.*

Dias:

FWU-Diareihe 10 2267: Tarnen und Warnen im Tierreich, 24 f.

Annotation: *Realaufnahmen von Seezunge, Garnele, Schmetterlinge mit Zweigmimese, Warnfarbe Hornisse, Mimikry bei Schwebfliegen. Mögliche Ergänzung zu A/B.1 (Biologischer Sinn von Ordnung) oder A/B.3 (Ordnung bei wirbellosen Tieren).*

FWU-Diareihe 10 2464: Lebende Fossilien, 19 f.

Annotation: *Einige Abbildungen wie z.B. Mesolimulus und Nautilus können für Einordnungsübungen für Fortgeschrittene verwendet werden. Daneben werden fossile Formen gezeigt.*

FWU-Diareihe 10 2626: Wirbellose: Erdaltertum. Tierische Fossilien. 11 f. u. 1 sw.

Annotation: *In Realaufnahmen und anhand von Grafiken wird an mehreren Beispielen die Entwicklung von tierischen Lebewesen gezeigt. Zur Ergänzung und ggf. Vertiefung von A/B.2 (Ordnen durch Vergleich).*

FWU-Diareihe 10 2627: Wirbellose: Erdmittelalter und Erdneuzeit. Tierische Fossilien. 12 f.

Annotation: *Vorgestellt werden Seelilie, versch. Muscheln, Ammoniten, Seeigel, Schnecken u.a. Geeignet zur Ergänzung von A/B.2. und A/B.3.*

16 mm-Filme:

FWU-Film 32 2146: Leben im Boden. 16 min, f.

Annotation: Vorstellung einer vielfältigen Bodenfauna eines Waldbodens und einer artenarmen Fauna eines Ackerbodens.

FWU-Film 32 0468: Wiesensommer. 17 min, f.

Annotation: *Neben der Darstellung von Blütenpflanzen der Wiese werden Schmetterlinge, Geradflügler und Hummeln vorgestellt.*

VHS-Videofilme:

Klett 994701: Aus dem Leben der Spinnen. Arbeitsvideo, 16,5 min.
Annotation: Spinnen eines Radnetzes mit den erforderlichen Verhaltensweisen der Spinne; Paarungsverhalten einer Raubspinne; Fangverhalten einer Netzspinne; Kokonbau einer Netzspinne.

Klett 760360: Bemerkungen über den Schmetterling (Horst Stern u. Kurt Hirschel). 57 min., Begleitheft.

Annotation: Ein typischer „Stern": Faszinierende Filmaufnahmen zur Vielfalt und Schönheit sowie zur Entwicklung bei Schmetterlingen.

Klett 750700: Die Weinbergschnecke. Arbeitsvideo, 15 min.

Annotation: *Fortbewegung und Nahrungsaufnahme (Außenaufnahmen und Laboraufnahmen); Paarung und Eiablage in Realzeit sowie Zeitdehnung und Zeitraffung. Auskriechen der Jungschnecken.*

IV. 3.2 Zeitschriften

Bürgis, H.: Fangmethoden bei Spinnen. Biologie in unserer Zeit, 18 (1988), S. 16-24.

Anmerkung: *Mit Hilfe eines Vergleichs von Fangmethoden wird versucht, einen Stammbaum der Spinnen zu konstruieren. Auf einer Doppelseite sind sehr schöne Fotos wiedergegeben.*

Eschenhagen, D.(Hrsg.): Insekten. Unterricht Biologie 3 (1979), H.32.

Inhalt: *Basisartikel; Insekten tarnen sich; Fortpflanzung und Entwicklung eines Insekts (Grille); Paarfindung bei Insekten (Kaisermantel, Heuschrecken); Bienen: Körperbau und Pollensammeln.*

May, R. M.: Wie viele Arten von Lebewesen gibt es? Spektrum der Wissenschaft, Dezember 1992, S. 72-79.

Anmerkung: *Es wird auf die Problematik der Feststellung der Artenzahl eingegangen und Methoden beschrieben, mit denen die Artenzahl abgeschätzt werden kann.*

IV. 3.3 Bücher

a. Bestimmungshilfen:

Engelhardt, W.: Was lebt in Tümpel, Bach und Weiher?. Kosmos, Stuttgart, regelmäßig neu aufgelegt.

Anmerkung: *Ein für das „Tümpeln" geeignetes Bestimmungsbuch, das mit deutlichen Zeichnungen arbeitet und Pflanzen und wirbellose Tiere enthält. Eine i.S. einer Systematik nachvollziehbare oder in jedem Fall vollständige Bestimmung ist nicht möglich und wird auch nicht angestrebt.*

Janßen, W.: Spurenbilder im Garten. Friedrich Verlag, Seelze 1989.

Anmerkung: *Auf 4 Seiten des Beihefters werden in deutlichen Zeichnungen 6 verschieden Insektenformen aus 6 Ordnungen mit ihren Fraßbildern im Garten vorgestellt: Lilienhähnchen, Gelbe Stachelbeer-Blattwespe, Gelbe Fichtengallenlaus, Seerosenzünsler, Kirschfruchtfliege, Springschwänze.*

Müller, H. J.: Bestimmung wirbelloser Tiere im Gelände Stuttgart 1986.

Anmerkung: *Diese vorzügliche Bestimmungshilfe arbeitet überwiegend mit Zeichnungen und ist damit effektiv in der Freilandarbeit wie im Unterrichtsraum einsetzbar.*

Sauer, F.: Raupe und Schmetterling, nach Farbfotos erkannt. Fauna-Verlag, Karlsfeld, o.J.

Anmerkung: Eine Sammlung sehr guter Fotos, nach denen die häufigsten Schmetterlingsarten Mitteleuropas leicht bestimmt werden können. Für die Schule geeignet, allerdings für die Freilandarbeit nicht sehr strapazierfähig.

Sauer, F.: Die schönsten Spinnen Europas, nach Farbfotos erkannt. Fauna-Verlag Karlsfeld 1984.

Anmerkung: *s.o. (Raupe und Schmetterling).*

Stresemann, E.: Exkursionsfauna. Wirbellose, Bd. I,II/1, II/2.Berlin 1967, 1969.

Anmerkung: *Das dreibändige Werk erfordert z.T. eine genaue Beobachtungsgabe. Wie bei allen sehr gründlichen Bestimmungshilfen ist man auf Kenntnisse der Fachbegriffe angewiesen, die für einen Nichtfachmann nicht ohne Mühen erworben werden können: Das Buch ist wirklich nur für spezielle Fälle und für eine genaue Bestimmung bis zur Art hinunter bei entsprechenden Kenntnissen zu empfehlen.*

Wellinghorst, R.: Wirbellose Tiere des Süßwassers. Unterricht Biologie. Friedrich Verlag, PF 10 01 50, 30917 Seelze.

Annmerkung: *Dreiteilige Bestimmungshilfe mit sauberen Zeichnungen unter besonderer Berücksichtigung von Indikatororganismen: a. Die häufigsten Wirbellosen des Süßwassers, b. Wirbellose des Süßwassers, c. Erfassungs- und Bewertungsbogen. Für den alltäglichen Gebrauch in der Schule ausreichend.*

b. Literatur für zusätzliche Information:

Flindt, R.: Biologie in Zahlen. Fischer Stuttgart 1985.

Anmerkung: *Die Angaben beziehen sich überwiegend auf Wirbeltiere und den Menschen.*

German, R.: Studienbuch Geologie. Klett, Stuttgart 1970.

Anmerkung: *Auf den Seiten 114 und 115 dieses Werkes ist ein Stammbaum des Tierreichs dargestellt, der sowohl das natürliche System wie auch die Methoden zeigt, mit denen ein derartiger Stammbaum gewonnen wird. Es handelt sich um die in vielen Schulen als Wandkarte benutzte Darstellung des Paläontologischen Museums in Oslo.*

Sommermann, U.: Arbeitsblätter Insekten. Klett, Stuttgart 1989.

Anmerkung: *Ideenreiche Sammlung von Arbeitsblättern einschl. Lösungen aus dem Bereich Insekten. Bestimmungshilfen in Form von Spielen, Zuordnungsübungen etc.*

Versch. Autoren: Neue große Tier-Enzyklopädie (Das Urania Tierreich). Bde 4-6. Urania Verlag Leipzig. 1971 f.

Anmerkung: *Ein Nachschlagewerk auch für Schülerinnen und Schüler geeignet. Viele Abbildungen (farbig und schwarz-weiß).*